2023
全球大停电及电力突发事件分析

何 剑 韩家辉 等 编著

中国电力出版社
CHINA ELECTRIC POWER PRESS

图书在版编目（CIP）数据

全球大停电及电力突发事件分析 . 2023 年 / 何剑等
编著 . — 北京：中国电力出版社，2024.9
　ISBN 978-7-5198-8767-4

　Ⅰ . ①全… Ⅱ . ①何… Ⅲ . ①停电事故－事故分
析－世界－ 2023 Ⅳ . ① TM08

　中国国家版本馆 CIP 数据核字（2024）第 067105 号

审图号：GS 京（2024）0614 号

出版发行：中国电力出版社
地　　　址：北京市东城区北京站西街 19 号（邮政编码 100005）
网　　　址：http://www.cepp.sgcc.com.cn
责任编辑：周秋慧（010-63412627）
责任校对：黄　蓓　李　楠
装帧设计：赵丽媛　北京永诚天地艺术设计有限公司
责任印制：石　雷

印　　刷：北京九天鸿程印刷有限责任公司
版　　次：2024 年 9 月第一版
印　　次：2024 年 9 月北京第一次印刷
开　　本：889 毫米 ×1194 毫米　16 开本
印　　张：5.75
字　　数：113 千字
定　　价：88.00 元

编委会

主　　任　何　剑　韩家辉

副 主 任　孙为民　屠竞哲

编写人员　安学民　史　锐　刘　彤　张晓涵　张一驰

　　　　　张国宾　李　琳　杨德龙　高艳玲　冀鲁豫

　　　　　（按姓氏笔画排序）

　　电力是现代经济社会生存、生产和生活的必需品，电力安全事关国计民生，是国家安全体系的重要保障和组成部分。随着能源转型的加快推进，电能在终端能源消费中的比重快速提升，经济社会对电力依赖程度不断加深，电力系统发生大面积停电事故的后果愈加严重。近年来，国际形势严峻，作为最重要的公共基础设施，电力系统极易遭受人为蓄意攻击破坏；同时，在全球气候变暖的背景下，台风、冰灾、地震等严重自然灾害和极端天气呈现频发态势，电力系统运行面对的不确定因素增多，风险防控的对象更广、场景更多、要求更高、难度更大。

　　本书收录了 2023 年国外发生的 8 起大停电及电力突发事件，并回顾了 2019~2022 年全球发生的引起社会广泛关注的同类事件。本书主要分析对电力安全影响较大的两大类事件，一是大停电事故，特点是停电规模大、持续时间长，对社会经济及居民生活产生巨大影响；二是电力突发蓄意破坏事件，此类事件事前难以准确预知，可能未造成大停电等严重后果，但对电力系统安全运行构成巨大威胁，例如网络攻击、物理打击等。在此基础上，剖析事件的演化过程及规律，并结合我国电力系统特点，提出针对性启示和建议，以期能够为从事电力安全生产和研究的人员提供参考。

　　本书编撰过程中，我们认真开展了多渠道信息收集、事件分析、文字校对等工作，并多次征求院士、相关领域专家的意见建议，但限于作者水平和信息渠道，书中可能存在不当之处，恳请读者批评指正。

编著者

2024 年 8 月

CONTENTS

目 录

Chapter 1

巴基斯坦
"1·23" 大停电事故

1.1　事故概述

当地时间 2023 年 1 月 23 日 7:34，巴基斯坦电网发生持续振荡，引发南北部电网解列，最终导致全国范围大停电，共损失负荷 11 356MW，波及近 2.2 亿人口。互联网、移动电话服务、企业用电和医疗用电受到影响，因水泵缺电，部分自来水供应中断。至 1 月 24 日 5:08，巴基斯坦全网恢复正常供电，大停电事故持续接近 22h。

1.2　巴基斯坦电力系统概况

1.2.1　电源概况

根据最新公开数据显示，截至 2022 年 6 月，巴基斯坦电源总装机容量为 43 775MW，其中火电装机容量 26 683MW（占比 61.0%），水电装机容量 10 635MW（占比 24.3%），核电装机容量 3620MW（占比 8.3%），风电装机容量 1838MW（占比 4.2%），光伏发电装机容量 630MW（占比 1.4%），生物质发电装机容量 369MW（占比 0.8%），不同类型电源装机容量占比如图 1-1 所示。

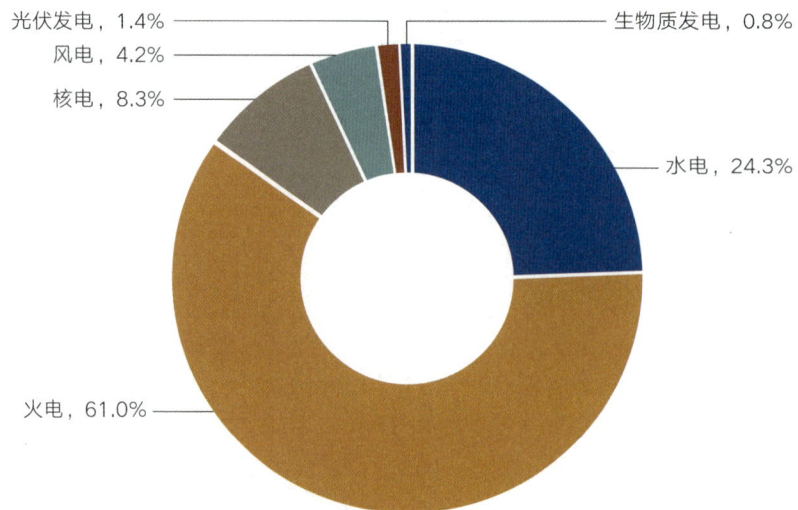

图1-1　巴基斯坦不同类型电源装机容量占比

1.2.2 电网概况

巴基斯坦已基本建成覆盖全国主要地区的电网（北部未覆盖的少数地区从伊朗购电），以 Barotha 水电站、Rewar（首都伊斯兰堡附近）变电站、Lahole 变电站、Muzaffargarh（Multan 附近）变电站、卡拉奇地区等为中心，向周边地区辐射分布，总体呈"东密西疏"的格局。电压等级包括 500、220、132、66kV 等。220kV 及以上全国电网主要由国家输配电公司（NTDC）建设、运行和维护，卡拉奇地区电网则由卡拉奇电力公司（K-Electric，KE）负责，巴基斯坦 500kV 主网结构示意图如图 1-2 所示。巴基斯坦南部电网和北部电网之间的 500kV 长链式交流通道和 ±660kV 默拉直流共同组成了南北部交直流断面，夏季潮流主要由北部流向中部，冬季潮流则由南部流向中部和北部。

图 1-2 巴基斯坦 500kV 主网结构示意图

1.2.3　负荷概况

巴基斯坦用电负荷主要集中在中部和北部的旁遮普省以及卡拉奇、伊斯兰堡等大城市，南部负荷约为北部负荷的 50%。巴基斯坦电网负荷峰值一般出现在夏季高温时期，2021~2022 年夏季峰值负荷为 31 271MW，而冬季负荷一般较小，约为 10 000MW。

1.3　事故过程及原因分析

1.3.1　事故过程

1　事故前运行情况

事故发生前，1 月 23 日 7:30，系统总发电出力（总负荷）11 683MW，其中南部电网发电出力 5831MW、负荷 1701MW，北部电网发电出力 5852MW、负荷 9982MW，南北交流通道北送功率 1730MW，默拉直流北送功率 2400MW，交直流断面北送功率 4130MW。

需要说明的是，南北交流通道有 2 回 500kV 线路在事故发生前就已经处于停运状态，其中 Guddu 747-Muzafargarh 线路由于大雾天气而断开，Moro-RY Khan 线路因电压控制需要而断开。

2　事故发展过程

停电事故发生过程中的主要事件时序为：

（1）7:30，南部电网的风电开始提升出力，使得南北交流通道北送功率增加约 500MW，由于无功支撑不足造成通道沿线电压普遍降低，导致南部电网与北部电网之间的阻尼特性变差。7:33:36，南部电网和北部电网之间开始出现低频振荡。

（2）随着南北部电网之间的振荡加剧，交流通道沿线的母线电压、线路功率及系统频率振荡幅值也不断加大。7:34:14:895，由于 Lahole 换流站母线电压因无功支撑不足和振荡加剧跌落到 391kV 以下，引发默拉直流发生换相失败。

（3）7:34:14:908，南部电网与北部电网发生失步后，由于预先设置的系统失步解列装置没有正常动作，Guddu-DG Khan、Guddu-Muzaffargarh、Guddu 747-RY Khan 3 回 500kV 线路因持续振荡而保护动作跳闸（见表1-1），导致南部电网与北部电网交流断面解列，只通过默拉直流异步互联。

表 1-1   南北交流通道 500kV 线路跳闸情况

序号	500kV 线路	跳闸前功率（MW）	跳闸原因
1	Guddu-DG Khan	603	DG Khan 侧：功率振荡
			Guddu 侧：过电压
2	Guddu-Muzaffargarh	551	Muzaffargarh 侧：功率振荡
3	Guddu747-RY Khan	566	Guddu747 侧：功率振荡

（4）南北交流通道发生解列后（解列前北送功率 2252MW），南部电网因功率盈余导致频率升高至 51.525Hz，北部电网因功率缺额而出现频率、电压下降情况。7:34:15:408，默拉直流紧急功率控制启动，提升直流功率 1000MW（由 2400MW 提升至 3400MW），减小南部电网和北部电网之间的频率差。

（5）7:34:16，南部电网 Port Qasim 火电厂 2 号机组在频率达到其高频保护定值情况下，没有按预期动作跳闸，只是缓慢回降出力。7:34:15:935，系统频率继续升高至 51.568Hz，导致 Kanupp II（1040MW）、Kanupp III（900MW）核电机组高频保护动作跳闸，1940MW 功率失去导致南部电网迅速由高频翻转为低频。

（6）南部电网低频减载装置动作切除 426MW 负荷，但仍无法阻止频率跌落。7:34:23~7:34:25，Lucky Power（606MW）、Engro Thar（150MW）、Shanghai Electric（1230MW）、Thar Energy（151MW）4 个火电厂机组相继因低频保护动作跳闸，最终导致南部电网频率崩溃全停。

（7）7:34:29:987，默拉直流因 Matiari 换流站持续低电压（南部电网崩溃）而双极闭锁。失去直流馈入功率 3400MW，大幅增加了北部电网功率缺额，虽然通过低频、低压、频率变化率减载等装置动作共计切除 3834MW 负荷，仍无法阻止北部电网频率崩溃全停。

至此，巴基斯坦全网停电。大停电事故发展全过程中的南部电网和北部电网频率变化如图 1-3 所示。

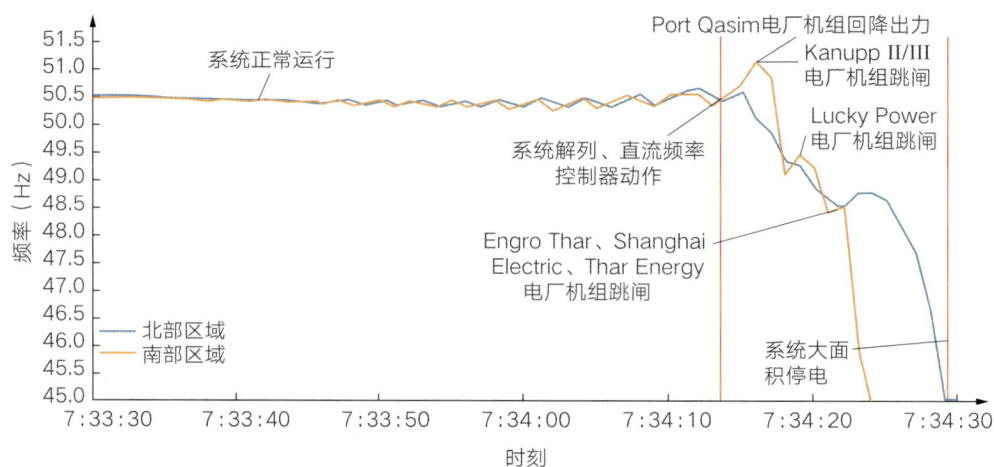

图1-3　南部电网和北部电网频率录波图

3 事故恢复过程

停电事故发生后的黑启动和系统恢复情况为：

（1）北部电网的 Tarbela 水电站机组在 8:10 黑启动后并网运行，逐渐恢复 IESCO 地区供电。然而 Tarbela 机组无法维持所恢复的局部系统稳定运行，造成频率在 45~55Hz 大幅波动，导致机组在 9:10 发生跳闸，频率变化如图 1-4 所示。此后，Tarbela 机组又进行了 8 次不同恢复路径的黑启动尝试，但均告失败，其中第五次频率变化如图 1-5 所示。

（2）北部电网的 Warsak 水电站机组在第 4 次黑启动尝试后，才维持住局部系统稳定运行，逐渐恢复 PESCO 地区供电。

（3）北部电网的 Mangla 水电站机组在 10:10 进行黑启动，但在 11:40 机组跳闸。为解决机组黑启动后所在局部系统运行不稳定问题，开始尝试 Tarbela 机组和 Mangla 机组联立运行，然后再逐步扩展恢复范围。在经历了 13:40 和 15:47 的 2 次失败后，从 Mangla 机组向 Tarbela 机组扩展的联立运行尝试终于在 18:52 成功，并逐渐恢复了北部电网其余部分供电。

（4）南部电网的 UCH-I 火电厂机组在 9:39 开始进行黑启动，首先恢复了 Sibbi 220kV 变电站，然后逐渐恢复了附近的 UCH-II、Foundation、Engro Power、Guddu 等火电厂机组，频率变化如图 1-6 所示。随着恢复的机组数量不断增加，SEPCO、QESCO、HESCO、MEPCO 等地区逐渐恢复供电。

（5）KE 地区的 Tapal、BQPS II、KCCP 机组在 8:32 同时开始黑启动，Gul Ahmed 机组在 10:00 也开始黑启动。但在孤岛运行模式下，机组黑启动之后都无法保持局部系统稳定运行，多次跳闸。

（6）1月24日3:22，NTDC主网全部恢复供电，并通过Jhimpir II 220kV变电站向KE地区供电。1月24日5:08，KE地区全部恢复供电。至此，巴基斯坦全网恢复供电。

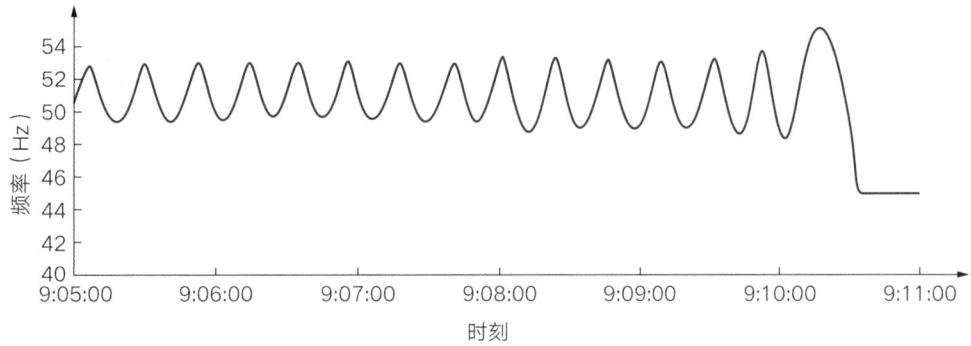

图1-4 Tarbela机组第一次黑启动失败前频率录波图

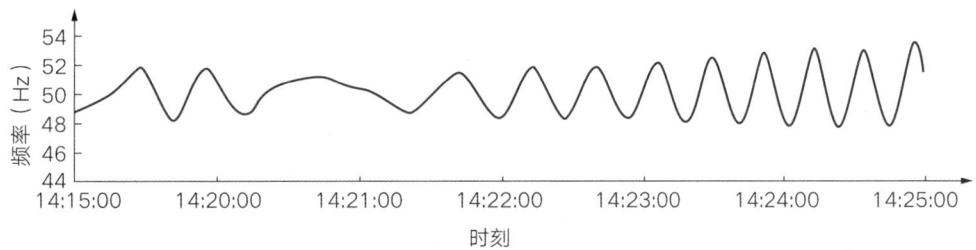

图1-5 Tarbela机组第五次黑启动失败前频率录波图

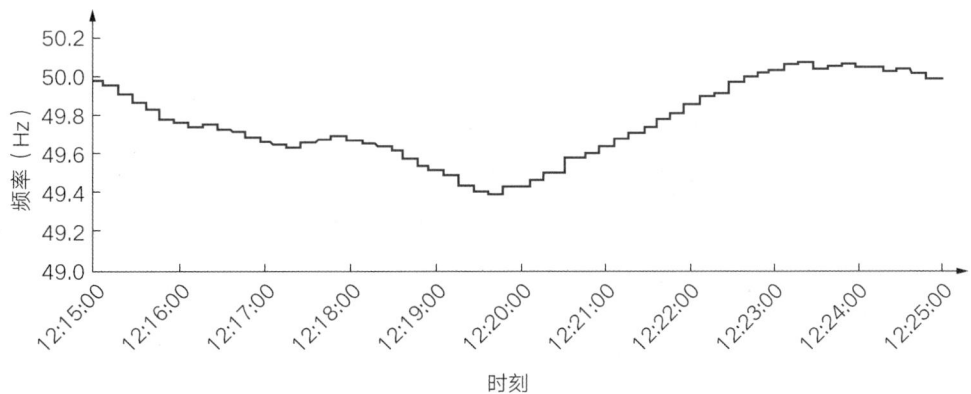

图1-6 UCH-I机组黑启动成功后频率录波图

1.3.2 事故原因分析

深入分析本次大停电事故发展全过程，并对比巴基斯坦近年来发生的几次大停电过程，发现存在部分共性原因归纳如下：

1 电网网架结构薄弱

巴基斯坦南北部电网 500kV 交流通道是典型的长链式弱互联结构，一旦交流通道发生故障断开，易造成潮流大量转移或直接导致南北部电网解列，进而引发后续连锁故障。本次事故过程中的一个关键事件，就是电网振荡引发南北交流通道 3 回 500kV 线路相继跳闸，造成南部电网与北部电网解列。由于冬季小负荷运行方式下系统开机较少，解列后进一步加剧了南北部电网频率变化，最终导致南部电网和北部电网相继因频率崩溃而全停。

2 安全防御措施不完善

巴基斯坦电网交流线路继电保护装置普遍缺少振荡闭锁功能，系统正常运行或发生故障引发振荡后易造成线路保护误动跳闸，从而扩大事故范围。本次事故初始阶段未见有发生电网故障的报道，电网正常运行中的功率振荡即引起南北交流通道 3 回 500kV 线路相继跳闸和南北部电网解列，这是造成本次停电事故的重要原因之一。在功率振荡过程中，其他线路保护也可能发生误动跳闸，导致事故范围进一步扩大。

3 网源协调能力不足

从近年来巴基斯坦发生的多次大停电事故和历史上其他国家大停电事故过程来看，网源协调能力不足是导致连锁故障和大面积停电的一个普遍原因。本次事故中南北部电网解列后，南部电网原本是因功率盈余而频率升高，Port Qasim 电厂机组高频保护未正确动作造成损失 Kanupp 电厂 2 台大容量机组，电网由高频迅速翻转为低频。另外，南北部电网均存在机组低频保护动作先于系统低频减载的问题，最终导致频率崩溃。

4 事故后恢复能力不足

巴基斯坦电网发生停电事故后的恢复时间往往较长，主要是由于黑启动机组恢复能力不足，本次事故从故障发生、系统崩溃到全面恢复供电经历约 22h。恢复初期，北部电网 Tarbela 机组在恢复过程中多次发生跳闸，造成系统频率大幅波动，而 Mangla 机组则迟迟未能与 Tarbela 机组保持稳定运行，均较大程度延误了系统恢复进程。除了 Tarbela、Mangla、Warsak、UCH 等少数机组以外，其他机组不具备黑启动能力。

Chapter 2

南非缺电事件

2.1 事件概述

2023 年 1 月 27 日，南非国家电力公司 Eskom❶ 宣布自 2022 年 9 月以来一直执行的轮停计划将继续，且轮流停电等级将提至最高等级（Stage1 最低、Stage6 最高），预计用户平均停电时间将达到 12h/ 天。受此影响，南非国内大量地区出现工业和居民用电短缺情况，食品制造和冷链运输行业遭遇困难，同时造成食品短缺和浪费，居民日常照明、通风、空调等用电需求无法保障。2 月 9 日，南非总统拉马福萨在开普敦发表年度国情咨文，并宣布南非全国进入灾难状态，优先保障食品生产、存储和零售供应链企业及医院等关键基础设施供电。

2.2 南非电力系统概况

2.2.1 装机情况

根据 Eskom 公司官方数据显示，截至 2022 年底，南非电力系统总装机容量为 41 191MW，其中：燃煤发电机组 35 780MW（占比 86.86%），燃气发电机组 2426MW（占比 5.89%），抽水蓄能发电机组 1400MW（占比 3.40%），核能发电机组 940MW（占比 2.28%），水力发电机组 600MW（占比 1.46%），各类新能源发电机组装机容量 45MW（占比 0.11%），各类机组装机占比如图 2-1 所示。根据南非科学与工业研究委员会 ❷ 统计数据显示，南非 2022 年全年发电量为 236 700GWh（图 2-2），其中煤电占比 74%，是南非电力系统的主力电源类型。

南非各类电源地理位置分布情况如图 2-3 所示。燃煤发电主要集中在东北部地区，东北部地区也是南非最发达地区；大型水电位于中部地区，分布

---

❶ Eskom 公司，发输配一体运营的南非国有电力企业，负责南非国内 90% 以上的电力供应。
❷ The Council for Scientific and Industrial Research (CSIR)。

式小水电位于东南部地区，两者分别位于瓦尔河及奥兰治河上下游；燃气发电主要位于南部和西部沿海地区，主要依赖海上天然气供给。

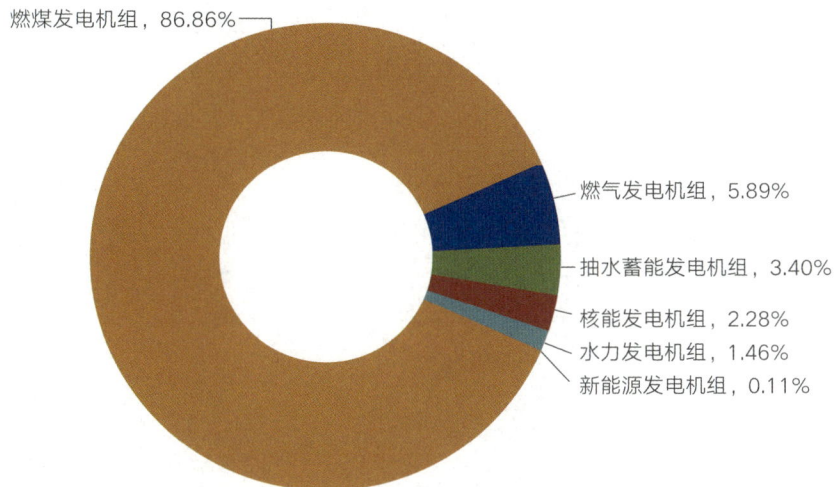

图2-1　2022年南非各类型机组装机占比

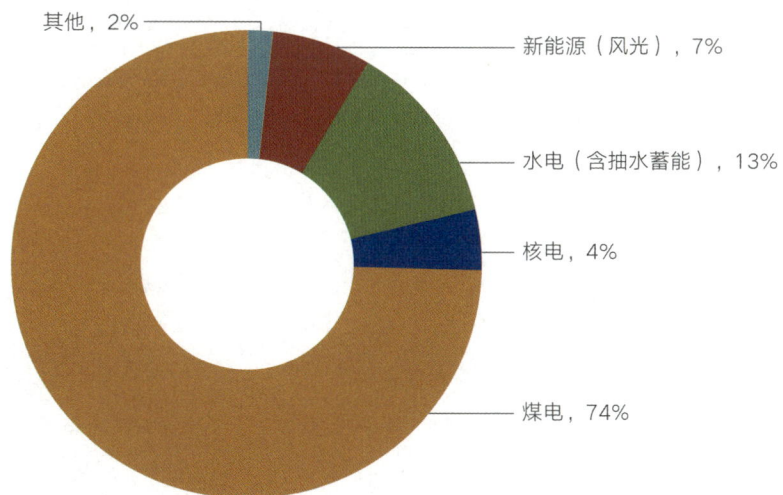

图2-2　2022年南非各类电源发电量占比

2.2.2　电网情况

根据 Eskom 公司 2022 年发展规划报告，南非电网包括 765、533、400、275、220、132、110、88kV 等多个电压等级，全国共划分为 9 个区域电网，有 3 条输电通道分别向博茨瓦纳、津巴布韦和莫桑比克进行电力外送。截至

2022 年底，线路长度共计 33 158km，132kV 以上变电站 216 座，变电容量共计 154 500MW，南非输电系统区域划分及地理接线图如图 2-4 所示。

图 2-3　南非各类电源地理位置分布情况

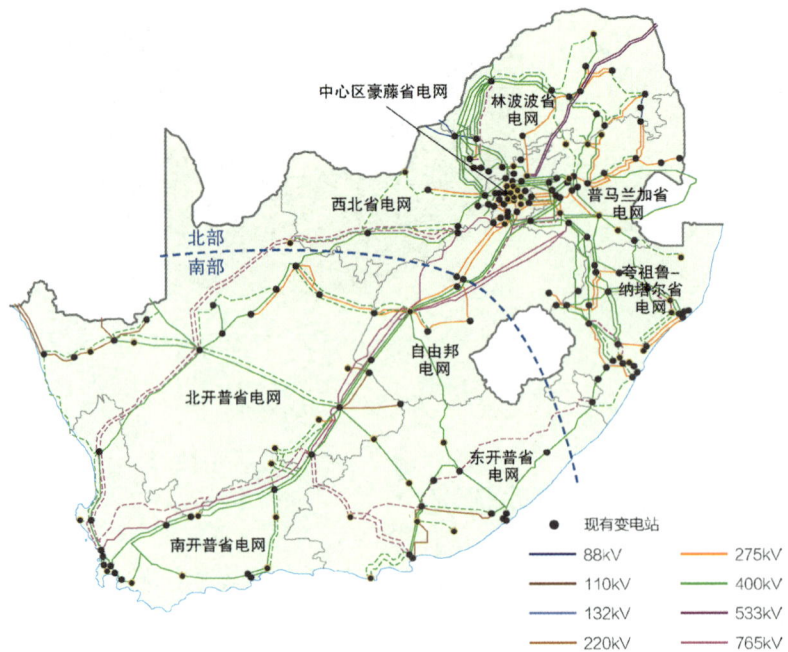

图 2-4　南非输电系统区域划分及地理接线图

2.2.3　负荷情况

　　根据 Eskom 公司调度部门发布数据显示，南非 2022 年度最大负荷为 34 600MW，出现在 7 月 27 日。南非电力系统近四年来的年度负荷曲线如图 2-5 所示。进入 2023 年 1 月，该公司宣布在全国范围内将轮流停电等级上升至 Stage 6，如图 2-6 所示。Eskom 公司测算，这相当于削减 6000MW 负荷，约占峰值负荷的 17%。

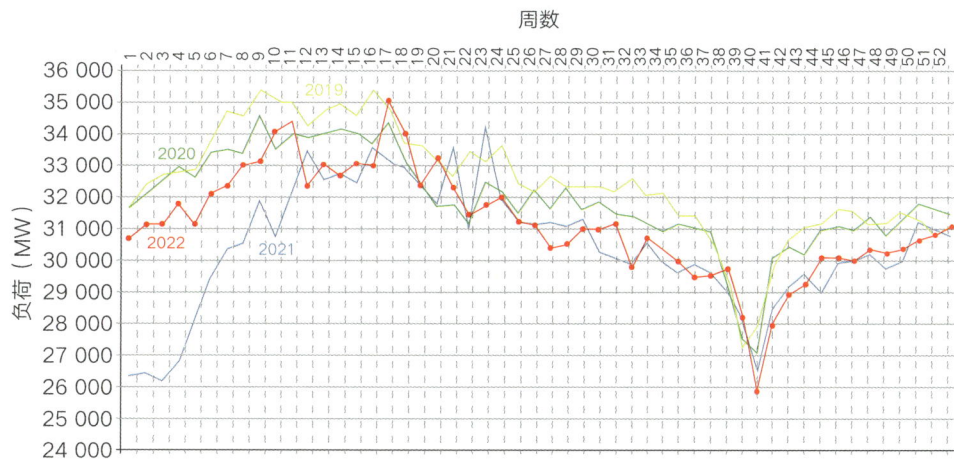

图 2-5　南非电力系统负荷水平变化情况（2019~2022 年）

图 2-6　约翰内斯堡下属某地区的 6 级轮停计划表
（单元格数字代表轮停等级，蓝色单元格代表该时段停电）

2.3 事件过程及原因分析

2.3.1 事件过程

自 2022 年 9 月开始，南非在全国范围长期实施轮流停电，且轮流停电等级从 2h / 天（Stage1）逐渐提升到 10h / 天（Stage5）。仅在过去的一年中，Eskom 公司已执行轮流停电计划超过 205 天，其董事长表示未来两年内仍会持续执行轮流停电政策。南非储备银行、非洲能源电力组织等多家机构判断，南非电力短缺情况短期内不会发生改观。Eskom 公司宣称，由于受到电力设施缺乏维护和人为蓄意破坏等因素影响，导致电力产能和供电能力进一步下降，本次将轮流停电等级到提升至 12h / 天（Stage6）。

2.3.2 原因分析

南非政府最早于 2022 年 7 月敦促 Eskom 公司提出应对方案，包括但不限于增加电力设备运维投入、提高外部电力进口、加快推广新能源、军队提供电力设施保护等措施，但到目前为止以上措施只有少部分得到落实。综合多家媒体和能源咨询机构信息，同时援引 Eskom 公司新闻发布会消息❶，主要有以下两方面问题直接导致了南非全国范围长期缺电状况且短期内无法改变。

1 电网缺乏合理规划和有效运维，备用容量严重不足

Eskom 公司内部运营不力、电源建设进度严重滞后、电力设施长期缺乏维护，导致南非电力系统电源裕度严重不足，目前几乎没有备用容量。在规划方面，为提高电源装机容量，Eskom 公司早在 15 年前启动了林波普电网和普马兰加电网的两处燃煤发电厂建设，两座电厂原计划在 2015 年投入运行，能够提供合计 9600MW 容量，但截至目前两座电厂仍在建设阶段。在设备运维方面，Eskom 公司所属部分发电厂服役时间已超过 45 年且常年

---

❶ ① www.bbc.co.uk/news/world-africa-62053991；② https://www.leader.co.za/article.aspx?s=1&a=2893；③ https://energychamber.org/understanding-south-africas-energy-crisis/

过度运行。根据南非工程师协会数据显示，自 2017 年以来，南非电力系统相关技术人员的引进和流失比例高达 1∶8，大量电力领域从业人员离开南非。受此影响，Eskom 公司的电厂及变电站维护效率极低，Eskom 公司 1 月 25 日发布的轮停通知显示，仅当日需要进行停机维护的发电机组容量就高达 6462MW（占总装机容量的 15%），轮停期间只有合计 15 977MW（占总装机容量的 38.7%）的发电机组可投入实际运行。

2 电力设施普遍缺乏防护措施，大量设备屡遭恶意破坏

南非国内犯罪率持续高居不下，严重影响社会正常运转，两者形成恶性循环，导致包括电力系统在内的重要基础设施成为犯罪份子重点作案目标。Eskom 公司宣称自 2020 年以来，大量配电线路、变压器、开关等设备因为窃电行为遭到破坏，窃电行为极其容易导致电力设备发生爆炸，进而引发更大的故障。根据 Eskom 公司统计，仅盖普省每月因过载导致损坏的变压器通常数以百计，这一数字在 2022 年 9 月达到 455 台。约翰内斯堡电网自 2021 年 7 月至今，收到 1456 起故意破坏和盗窃电缆的报告，变电站安保人员被袭击事件屡有发生。Eskom 公司宣称考虑到设备和人员安全，对部分窃电行为严重的地区实施轮停，这一措施也加剧了全国范围内农业、企业和居民日常的电力短缺，造成社会功能进一步丧失，间接激化了电力设施破坏行为升级。

阿根廷
"3·1" 大停电事故

3.1 事故概述

当地时间 2023 年 3 月 1 日下午 3 点 59 分，阿根廷农牧场焚烧秸秆引发火灾，导致 3 条高压输电线路跳闸，包括首都布宜诺斯艾利斯在内的中北部 7 个省份大规模停电。停电事故引发部分发电厂设备自动保护装置自启动切机，"阿图查 1 号"核电站受到影响停运，阿根廷电网的电力供需失衡，导致该国电力供应损失约 40%，最大功率损失达到 10 000MW，600 多万户家庭的 2000 多万人受到影响。停电还造成全国部分地铁、铁路等公共运输系统停运。据悉，这也是阿根廷过去四年来最严重的停电事件。当天天气炎热，停电还造成交通瘫痪、生产停顿、家庭和商店货物损失，以及自来水供应中断等问题。阿根廷能源国务秘书处发表声明称，事发约 4h 后，被烧毁线路抢修完毕，阿根廷国家电网也恢复正常供电。

3.2 阿根廷电力系统概况

3.2.1 电源情况

阿根廷电网被称为阿根廷互联系统（西语全称 Sistema Argentino de Interconexión，简称 SADI），负责向阿根廷与乌拉圭供电，并与智利、巴西电网相连。

截至 2022 年底，阿根廷互联系统总装机 42 926MW。其中，火电装机容量 25 275MW（占比 58.9%），水电装机容量 10 834MW（占比 25.2%），风电装机容量 3309MW（占比 7.7%），核电装机容量 1755MW（占比 4.1%），光伏发电装机容量 1086MW（占比 2.5%），其他装机容量 667MW（小水电、生物质发电等），占比 1.6%，各类电源装机容量比例如图 3-1 所示。

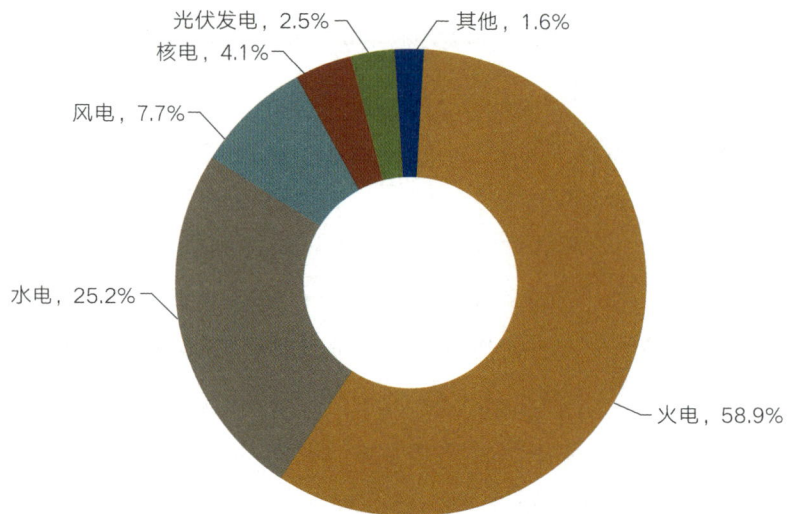

图3-1　2022年阿根廷互联系统装机容量比例

3.2.2　电网概况

阿根廷互联系统主要有 500、330、220、132kV 等若干电压等级。其中，主网架由 500kV 线路构成，地理接线图如图 3-2 所示。

图 3-2　阿根廷互联系统地理接线图

3.2.3 负荷概况

阿根廷用电负荷主要集中在东北部的布宜诺斯艾利斯、罗萨里奥等大城市，2022 年阿根廷互联系统的最大负荷记录是 28 283MW，发生于 2022 年 12 月 6 日 14:43，冬季负荷一般较小，约为 15 000MW。

3.3 事故过程及原因分析

3.3.1 事故过程

当地时间 3 月 1 日下午事故发生前的 15:59，SADI 全网负荷需求为 26 434MW，其中，布宜诺斯艾利斯大湾区负荷需求为 10 455MW（创了大湾区夏季最高日负荷纪录）。

15:59，连接 General Rodríguez 市变电站和 Litoral 地区的 3 条 500kV 高压输电线路因当地牧场火灾造成短路跳闸而相继中断。该 N-3 故障引起系统发生严重振荡导致系统解列成三个区域：

（1）东北部。包括 NEA 区域、Litoral 区域、北 NOA 区域和布宜诺斯艾利斯省北部地区。东北部地区由萨尔托大坝水电站主要提供功率和频率支撑而没有发生低频减载。

（2）南部。大湾区、布宜诺斯艾利斯省南部地区、Comahue 和北巴塔哥尼亚地区。南部区域由于低频减载和大湾区的低电压保护切负荷导致大面积停电，该区域频率主要由 Piedra del Águila 水电站支撑。其中，大湾区损失负荷约 4500MW。

（3）西部区域。与外部其他区域互联的几条 500kV 线路全部断开，整个区域全部停电。

具体停电解列情况如图 3-3 所示。

事故时序：

（1）第一阶段：15:59，500kV 线路 Campana-Rodríguez 因故障跳闸，如图 3-4 所示。由于大湾区低电压导致系统共减载 900MW。

（2）第二阶段：16:11，交流线路 N-1 故障。500kV 线路 Belgrano-

Rodríguez 因火灾造成短路跳闸，如图 3-5 所示。由于大湾区低电压导致系统继续减载 2560MW，PBA 地区减载 400MW。

（3）第三阶段：16:13，交流线路 N-2 故障，如图 3-6 所示。500kV 线路 Campana-Rodríguez 再次断开，500kV 线路 Belgrano-Rodríguez 断开。

（4）第四阶段：16:32，交流线路 N-3 故障，如图 3-7 所示。通往 Rodríguez 的三条线路的最后一条 500kV 线路 Atucha II-Rodríguez 跳闸。

图 3-3　事故概况示意图

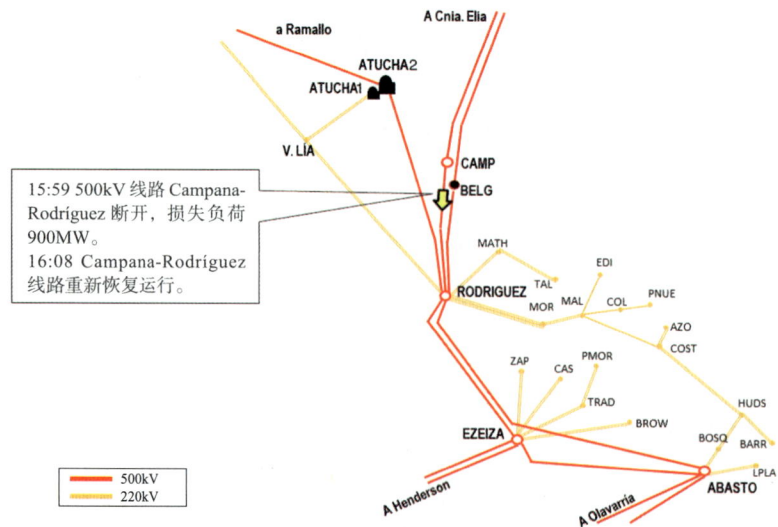

图 3-4　500kV 线路 Campana-Rodríguez 因故障跳闸

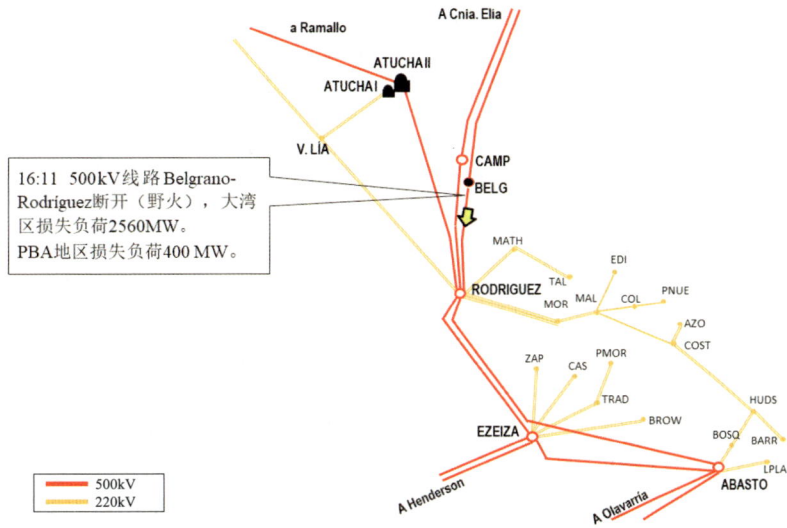

图 3-5　500kV 线路 Belgrano-Rodríguez 跳闸

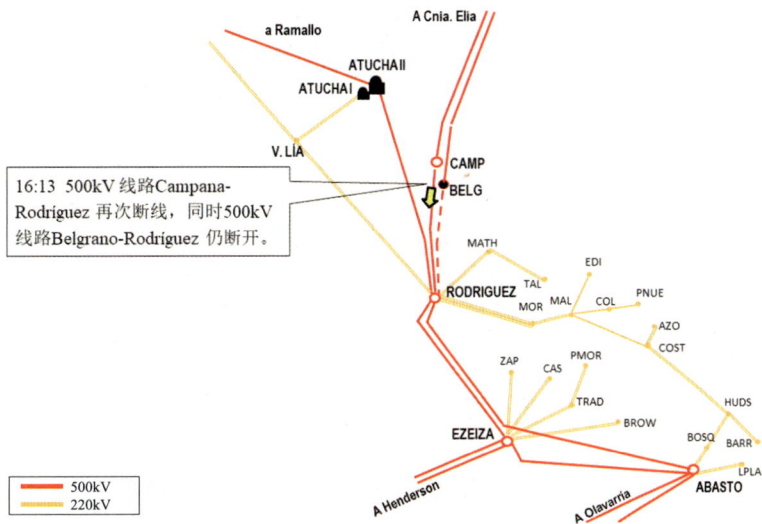

图 3-6　N-2 故障

（5）第五阶段：16:33，N-3 故障后多条 500kV 线路陆续断开系统发生失步振荡，北部区域和南部区域完全解列，如图 3-8 所示。最终导致阿根廷全网损失负荷 10 000MW，系统崩溃。

（6）第六阶段：系统恢复。17:02，Belgrano-Rodríguez 线路恢复供电。18:00~19:00，所有故障设备均陆续投入使用。19:09，所有断开 500kV 线路全部恢复供电。

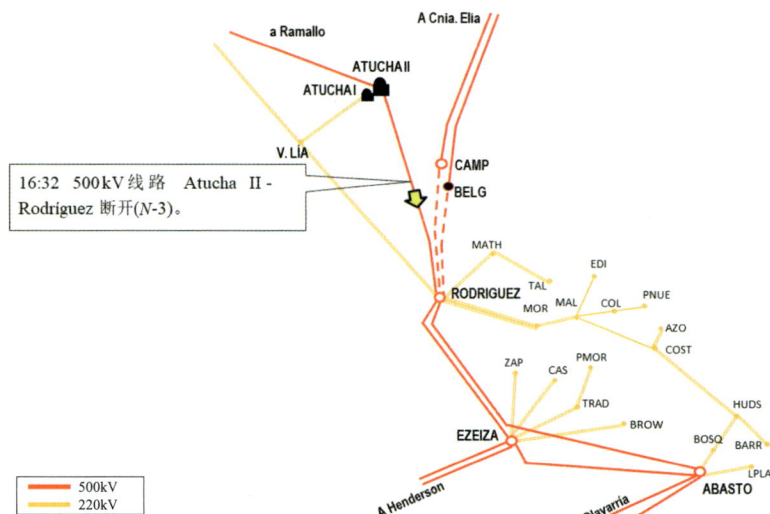

图 3-7　N-3 故障

图 3-8　多条 500kV 线路断开，系统失步振荡解列

3.3.2　事故原因分析

根据阿根廷相关电力公司对事故的声明，对本次事故的原因分析如下：

1　电网网架结构薄弱

阿根廷电网存在典型的交流弱互联结构，成为引发本次事故的重要原因，暴露出阿根廷网架薄弱的问题，东北部为水电富集区，电力通过仅有的 2 个 500kV 交流通道送往南部负荷中心，南北交流通道是整个电网的薄弱环节，电网稳定裕度和抵御严重故障的能力不足。本次事故中，正是东部交流通道的 3 回 500kV 线路故障跳闸，导致阿根廷电网解列和后续的大停电事故。

2 安全防御措施不完善

阿根廷电网存在明显的南北交流通道薄弱环节，发生严重故障引发电网解列的可能性较大。但从本次事故可以看出，阿根廷电网调度部门在制订系统安全防御措施时，对于电网解列后的停电风险考虑明显不足，西部、南部电网配置的低频减载、低压减载等措施未能及时切除足量的负荷，导致崩溃停电。阿根廷电网失步解列、低频减载等安全防御措施未能发挥预期作用，间接导致了事故范围扩大。

3 电网设备抵御自然灾害能力及运行维护水平较低

该次事故起因是牧场火灾导致南北电网联络线 3 条 500kV 线路相继开断，导致潮流大范围转移，最终导致系统失步振荡解列。深层次原因是阿根廷国内对电力设备投资不足，对电网设备维护及电力系统整体运行安全重视程度不够，抵御火灾、干旱等自然灾害能力较弱。

瑞典首都斯德哥尔摩地区 "4·26" 大停电事故

4.1   事故概述

当地时间 2023 年 4 月 26 日 6:40，瑞典 400kV Hagby 变电站检修期间发生三相短路，系统电压骤降，瑞典 Forsmark 核电站 2 台机组跳闸，导致瑞典首都斯德哥尔摩及周边地区发生大面积停电。停电导致首都地区的电力供应和重要社会功能中断，交通运输系统及国家媒体机构，如地铁、电视台及广播电台均受到影响。此外停电事件还波及了芬兰、挪威及丹麦东部地区。

4.2   瑞典电力系统概况

瑞典电力系统与挪威、芬兰、丹麦等国电力系统联网同步运行，共同构成了北欧电网，电力系统网架如图 4-1 所示 ❶，主要电源类型包括水电、核电及风电。北欧地区的电力负荷受天气的影响很大，夏季负荷较低，冬季负荷较高。与欧盟其他国家相比，北欧国家的可再生能源比例较高，超过一半的电力生产来自水力发电。由于北欧地区能源密集型产业较多且存在较大比例的电采暖，电力及电能消耗占比高于欧盟其他地区。本次停电事故发生在瑞典，因此着重对瑞典电力系统进行分析。

瑞典位于北欧斯堪的纳维亚半岛东半部，面积 45 万 km^2，人口约 1055 万（2022 年底），全国划分为 21 个省和 290 个市。

4.2.1   电源概况

截至 2023 年 1 月 1 日，瑞典装机容量为 46 900MW。其中水电 16 300MW（占比 35%），核电 6900MW（占比 15%），火电 6600MW（占比 14%），风电 14 700MW（占比 31%），太阳能发电 2400MW（占比 5%），如图 4-2 所示。

---

❶ https://www.svk.se/siteassets/1.om-kraftsystemet/om-transmissionsnatet/karta-transmissionsnatet-for-el.pdf

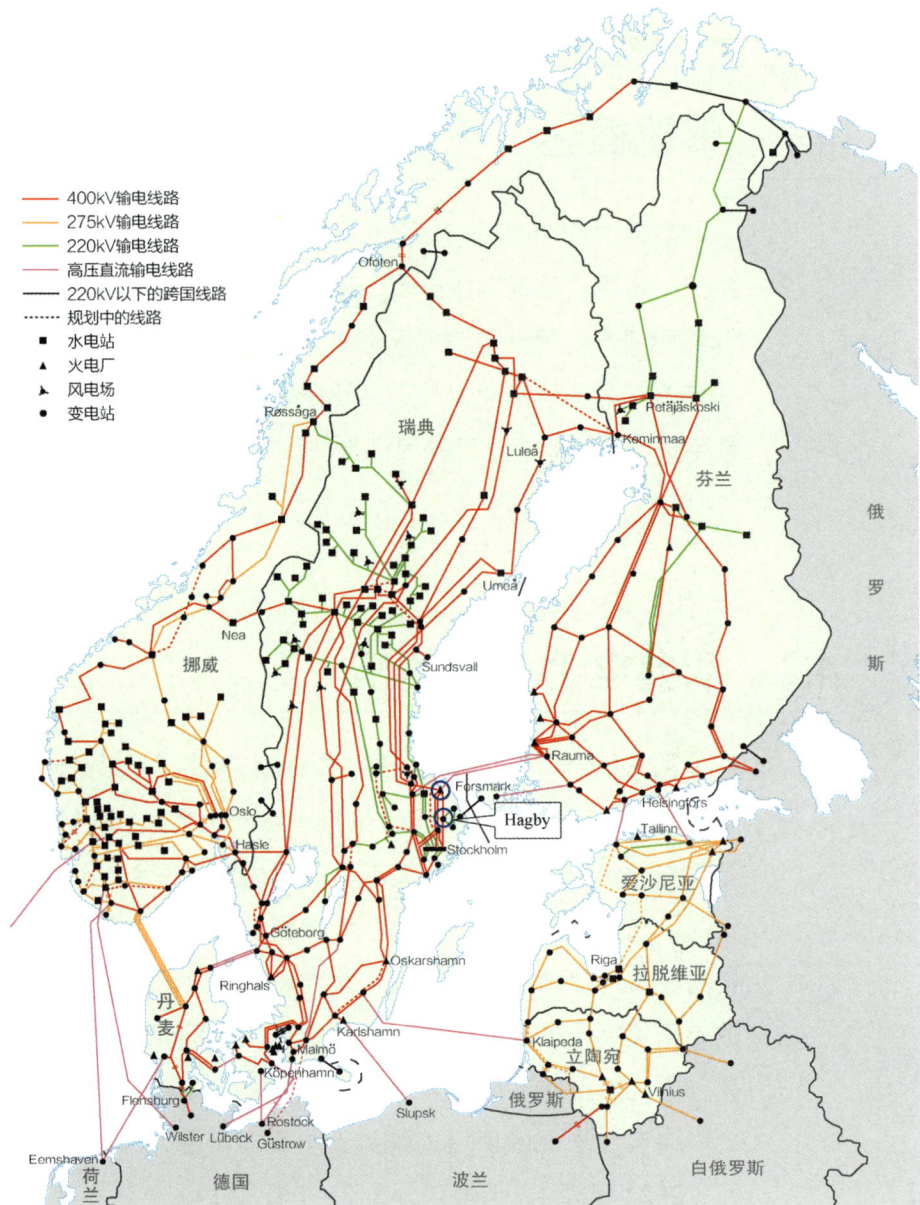

图 4-1　北欧电力系统网架图

4.2.2　电网概况

　　瑞典电网分为输电网、区域电网和地方电网。输电网电压等级为 400、220kV，其中 75% 为 400kV，25% 为 220kV，资产归瑞典政府所有，由 Svenska kraftnat 公司负责运营，包括约 17 500km 的电力线路、175 个变电站和开关站以及交流和直流电的跨国线路；区域电网电压等级主要有 150、70、30kV，主要由 Vattenfall Eldistribution、Ellevio 和 Eon3 家公司拥有和运

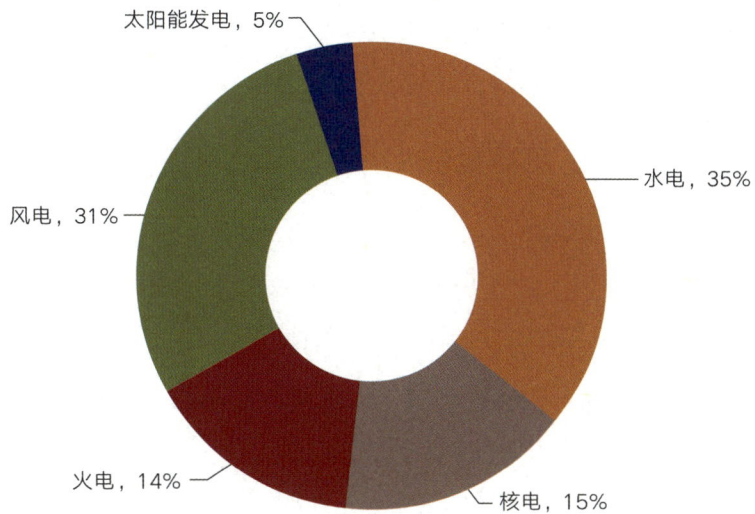

图4-2　2023年瑞典装机容量比例

营；地方电网电压等级为 20、10、0.4kV，由 170 多家能源公司或市政公司拥有和运营，其中 129 家是市政公司。

　　瑞典电网分为 4 个供电平衡区，分别为 SE1、SE2、SE3、SE4，如图 4-3 所示，北部 SE1 和 SE2 电力较为充裕，而南部 SE3 和 SE4 存在电力短缺。

图 4-3　瑞典电网分区图

瑞典电网通过 16 条输电线路与挪威、芬兰、丹麦、立陶宛、德国和波兰等国家连接。

4.2.3　负荷概况

瑞典电力负荷在冬季（通常在 12 月至次年 2 月）达到最大值，夏季（通常在 6~7 月）为最小值。近年来最小电力负荷变化不大，均为 15 000MW 左右，而最大负荷呈现下降趋势，2022 年冬季最大负荷为 24 250MW。2016 年 1 月至 2023 年 1 月，瑞典电力负荷峰值情况如图 4-4 所示。

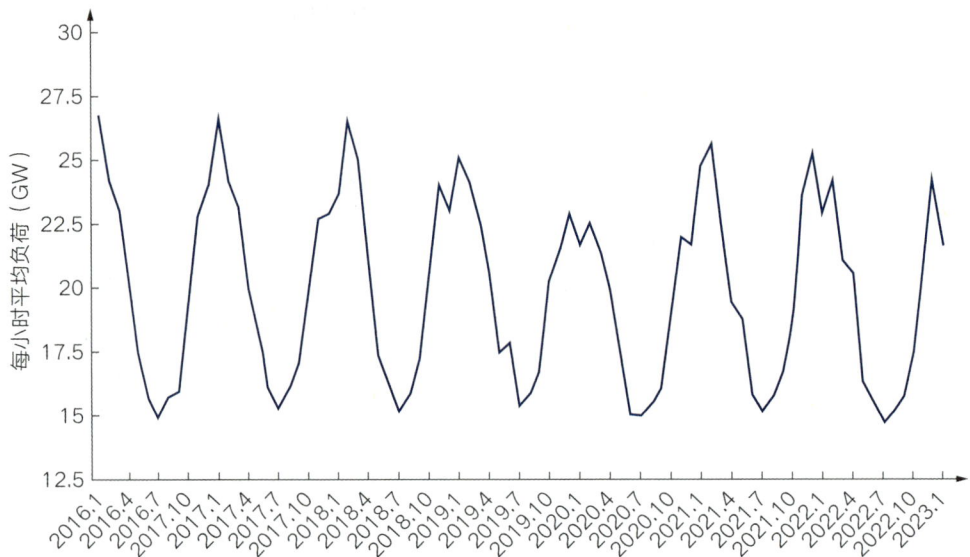

图4-4　2016年1月至2023年1月瑞典电力负荷峰值情况

4.3　事故过程及原因分析

4.3.1　事故过程

4 月 26 日 6:40，瑞典首都斯德哥尔摩北部的 400kV Hagby 变电站计划检修期间发生短路，系统电压骤降导致该地区大量负荷因低压保护机制动作而与电网断开连接。Forsmark 核电站由于厂外电源电压不足，保护装置动作断开厂外电源并同步启动备用电源，但在切换备用电源时因电网间的电压差异及 Hagby 故障等原因未实现不间断切换（出现秒级中断），1 号机组

（装机容量 1040MW）、2 号机组（装机容量 1121MW）被迫停运，造成频率快速下降。事故发生前瑞典电网发电出力为 17 416MW，事故损失发电出力 2160MW，占事故前发电出力的 12%，事故过程中频率下降至 49.30Hz。事故发生期间频率情况如图 4-5 所示。

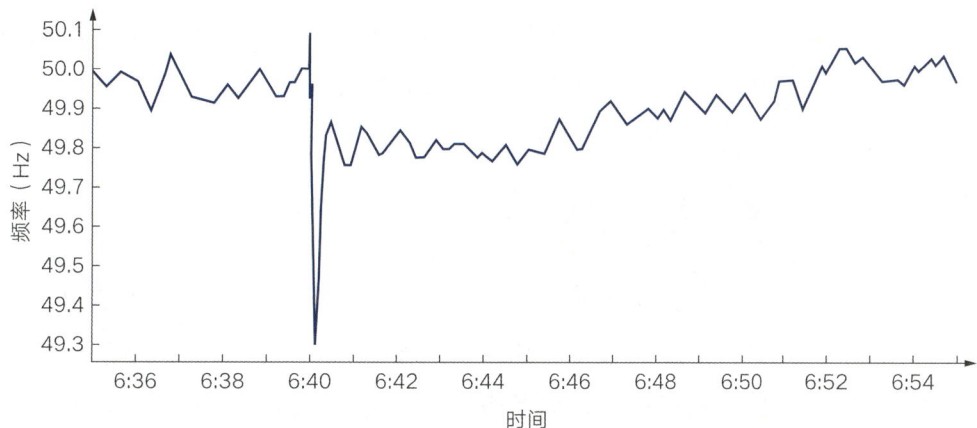

图4-5　事故发生期间频率曲线

在事故发生后，系统备用容量的及时启动有效避免了停电范围的扩大，水电机组的作用尤为显著。瑞典 Vattenfall 公司运营的水电机组在事故发生后的 5s 内额外提供了 110 MW 发电出力，30s 内提供了 255 MW 发电出力，在整个事故过程中，提供近 400 MW 发电出力。除了 Vattenfall 公司的水电，瑞典其他水电以及挪威水电也为弥补电力缺口发挥了作用。事故发生期间电源出力情况如图 4-6 所示。

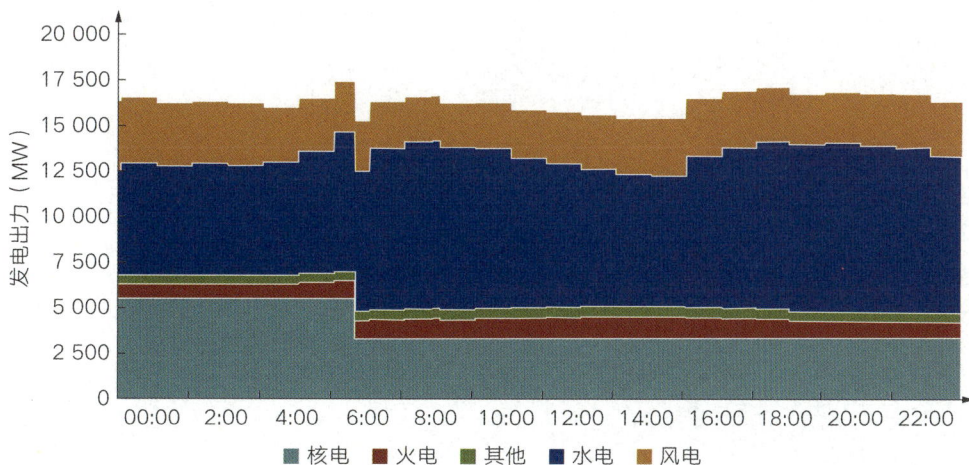

图4-6　事故发生期间电源出力情况

4.3.2 事故原因分析

1 检修期间运行方式不合理

瑞典电网调度部门在变电站检修前未充分考虑可能发生的故障，电网运行方式安排不合理是本次停电事件的直接原因。400kV Hagby 变电站在检修期间发生短路后系统结构遭到严重破坏，以至于该变电站近区输电和配电网出现了长达大约 7s 的低电压。

2 核电站主备电源切换逻辑不合理

Forsmark 核电站 1、2 号机组 400kV 厂外电源断开后，70kV 厂外备用电源未及时投切，两台机组失去外部电源而被迫停运。核电站主电源断开时因主备用电源切换逻辑不合理而导致备用电源投入滞后，机组厂外电源出现秒级中断。

Chapter 5

越南 6 月缺电事件

5.1　事件概述

从 2023 年 6 月初开始，越南中北部地区出现罕见高温，电力需求激增，同时越南全国多座水电站因高温干旱造成停运，电力供应出现较大缺口 ❶。为缓解缺电危机，越南北部北宁省和北江省的工业园区采取轮流停电政策，苹果、三星等跨国企业位于当地的工厂生产活动受到影响。同时，河内拉闸限电，路灯等夜间公共照明关闭，居民生活受到严重影响。随着后期来水增加，越南各水电站水位提升而恢复发电，6 月 23 日起基本满足供电需求。

5.2　越南电力系统概况

5.2.1　电源情况

1　装机容量

截至 2022 年底，越南电力系统总装机容量约 77 800MW。其中煤电 25 312MW（占比 33%），水电 22 544MW（占比 29%），气电 7160MW（占比 9%)，太阳能发电 16 506MW（占比 21%），风电 4000MW（占比 5%），其他类型 2278MW（占比 3%），如图 5-1 所示。

2　发电量

2022 年，越南发电量及进口电量 268 500GWh，比 2021 年增长 5.26%。其中煤电 104 900GWh（占比 39.1%），水电 95 100GWh（占比 35.4%），气电 29 600GWh（占比 11.0%），太阳能发电 25 500GWh（占比

---

❶ https://en.evn.com.vn/d6/news/Water-shortages-shrinking-hydropower-plants-operations-66-163-3523.aspx, Water shortages shrinking hydropower plants' operations

9.5%）、风电 8900GWh（占比 3.3%）、进口电量 3400GWh（占比 1.3%）、其他电量 1100GWh（占比 0.4%），如图 5-2 所示。

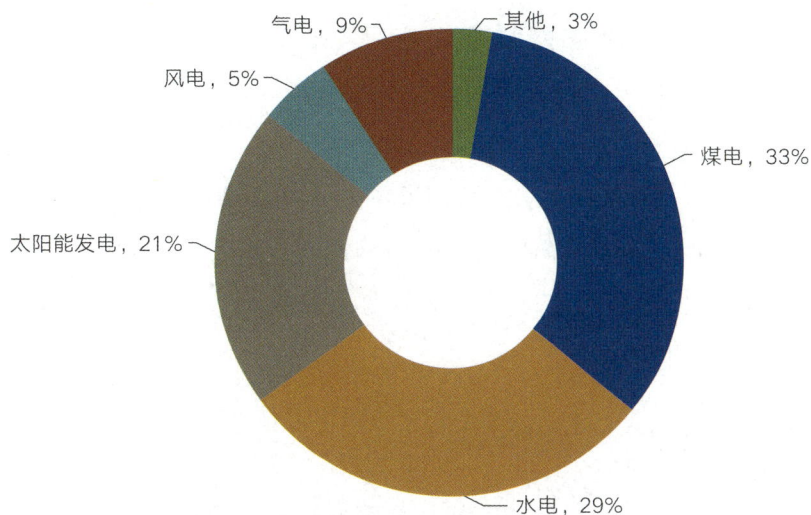

图5-1   2022年越南电力系统装机容量占比

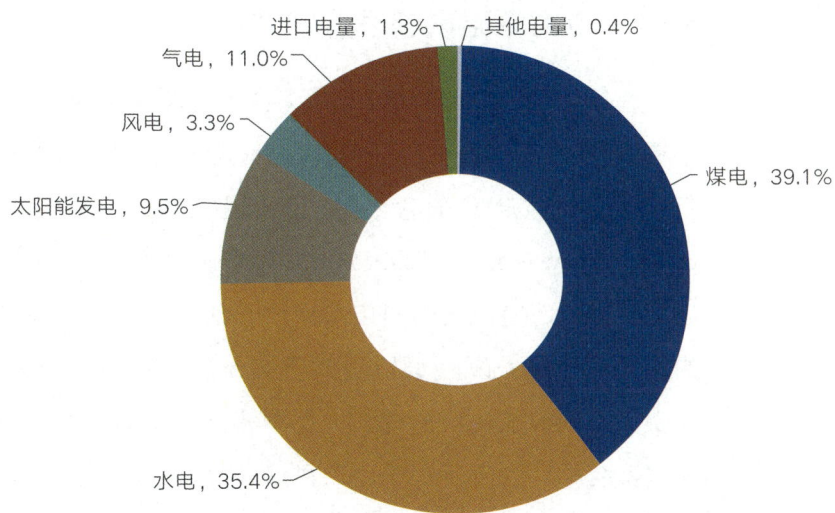

图5-2   2022年越南各类型电量占比

5.2.2   电网情况

越南电网分为北部、中部和南部三个区域电网。主网电压等级包括500、220、110kV。越南输电网呈南北狭长型走向，各大分区以 500kV 骨干网互联。2021 年底，越南 500kV 变电站 37 座，220kV 变电站 193 座，形成以首都河内、胡志明市为中心的红河三角洲和湄公河三角洲电网，500kV 主网架结构总体呈"哑铃状"格局。

越南电网与我国、老挝、柬埔寨电网互联，从我国和老挝进口电力，向柬埔寨出口电力，均通过 220kV 及以下交流线路互联。中越现有 110kV 及以上联网线路 7 回，其中 220kV 线路 3 回、110kV 线路 4 回。除 1 回 110kV 线路与广西联网外，其余均与云南联网。越南通过 4 回 220kV 线路以点对网方式与老挝联网。

越南国家负荷调度中心（NLDC）隶属于越南电力集团（EVN），成立于 1994 年，负责全国电网运行与调度。1998 年底，原隶属地方电力公司的北、中、南地区负荷调度中心并入，形成国家、地方两级统一的系统运营机构。

5.2.3 负荷情况

2022 年，越南电力系统最大负荷记录为 45 434MW，发生于 2022 年 6 月 21 日，较 2021 年的最大负荷增长 4.41%[1]。

5.2.4 电力基础设施发展规划情况

在第 26 届联合国气候变化大会上，越南领导人承诺将在 2050 年前实现净零碳排放，并在此之前放弃"未使用碳捕捉技术的煤炭发电"。根据 2023 年 5 月越南政府发布的 2021~2030 国家电力发展规划及 2050 愿景（Power Development Plan 8，PDP8），2030 年前，越南将用天然气发电代替煤电作为基荷电源，重点发展风电和屋顶光伏，鼓励就地消纳并发展储能，加强与周边国家电网互联互通以缓解供需矛盾；2030 年之后，越南燃煤发电和燃气发电拟被氢能替代，同时，越南将升级改造电网，提高远距离输电能力，实现安全稳定独立自主的电力供应。越南 2030 年及 2050 年电力发展规划见表 5-1，新能源发电占比将从目前的 26% 提升到 2030 年的 28.5%、2050 年的 64.6%。

---

[1] https://nangluongvietnam.vn/tap-doan-dien-luc-viet-nam-nam-2022-thu-thach-huong-phat-trien-30102.html

表 5-1　越南 2030 年及 2050 年电力发展规划 ❶

电源种类	2030 年		2050 年	
	功率 (MW)	占比 (%)	功率 (MW)	占比 (%)
陆上风电	21 880	14.5	60 050~77 050	12.2~13.4
海上风电	6000	4	70 000~91 500	14.3~16
太阳能发电	12 836	8.5	168 594~189 294	33.0~34.4
生物质能发电	2270	1.5	6015	1.0~1.2
水力发电	29 346	19.5	36 016	6.3~7.3
储能	2700	1.8	30 650~45 550	6.2~7.9
热电联产	2700	1.8	4500	0.8~0.9
燃煤发电	30 127	20	0	0
转化煤 ①	0	0	25 632~32 432	4.5~6.6
燃气发电	37 630	25	14 930	2.6~3
氢能发电	0	0	20 900~29 900	4.1~5.4
进口电力	5000	3.4	11 042	1.9~2.3
灵活电源	0	0	30 900~46 200	6.3~8.1
总计	250 489	100	490 529~573 129	—

① 预计到 2050 年，所有燃煤电厂将转化为使用氢或生物质发电。

5.3　事件过程及原因分析

5.3.1　事件过程

越南电力在 5 月发布预告，5~7 月高峰时期的可用电力可能会减少 1600~4900MW。受厄尔尼诺影响，越南在 6 月 1 日就打破高温记录，气温高达 43.8℃。高温天气下，电力需求激增。同时因高温干旱造成的多座水电站停运导致电力供应出现较大缺口。因用电紧张，越南当地很多工厂、工

❶ https://www.vietnam-briefing.com/news/vietnam-power-development-plan-approved.html/，Vietnam Government Approves Power Development Plan

业园区都收到了电力公司的限电通知。6 月初，越南多个工业园区开始实行 24h 轮流停电，富士康、立讯精密等苹果供应商的部分生产基地以及三星电子在越南北部的基地收到了轮流停电的通知。2023 年 6 月 23 日起，北方地区大范围降雨和水电站水流量改善，电力需求已基本满足。

5.3.2 事件原因分析

1 电力负荷激增

（1）制造业的快速发展导致电力负荷逐步增加。由于越南出口导向的制造业发展迅猛，近年全国用电需求不断增加，据路透社报道，2018~2022 年，越南的电力需求增长了 25% 以上[1]。

（2）极端高温天气下电力负荷短时激增。自 5 月上旬起，越南遭遇了极端高温天气，部分地区气温升至 37~43℃。越南国家负荷调度中心表示，随着空调和电风扇的使用激增，电力负荷迅速增加了 20%。

2 可用发电容量不足

（1）大量水电机组停运或出力受阻。持续高温干旱天气导致越南 11 座水电站停止运行，9 座水电站处于"死水位"。截至 6 月 6 日，北部地区可用水电容量为 3110MW，仅为装机容量的 23.7%。考虑到水电在越南电力系统的电力供应方面均占据重要位置（2022 年水电装机容量占比 29%，发电量占比 35%），高温干旱造成的水资源短缺导致越南电力供应出现较大缺口。

（2）部分煤电机组发生故障。因电力供应紧张，煤电机组持续满负荷运转，部分机组停运影响了电力供应。截至 6 月 6 日，北部地区煤电可用发电容量 11 934MW，为其装机容量的 76.6%。

3 跨国跨区电力支援有限

根据越南电力公司的评估，北部地区的供电缺口可能高达 8000MW。

（1）越南北部地区从南部获取电力支援能力有限。越南电网跨区互联建设推进缓慢，当前南北地区 500kV 交流联络通道较为薄弱，最高输电能力

---

❶ https://www.reuters.com/article/column-maguire-energy-idUSL1N37Y027

仅为 2500~2700MW[1]，紧急情况下难以实现对北部地区的有力支援。

（2）越南从周边国家获取电力支援的能力有限。越南电网虽与中国、老挝、柬埔寨等电网互联，但由于联络线电压等级较低、输送容量有限，且周边国家也因高温干旱而富余电力不足，因此跨国电力支援能力有限。

---

[1] https://en.evn.com.vn/d6/news/Ministry-of-Industry-and-Trade-informs-about-power-supply-situation-in-hot-season-66-163-3527.aspx

Chapter 6

加拿大
蒙特利尔电力服务委员会
遭网络勒索攻击

6.1　事件概述

2023 年 8 月 3 日，蒙特利尔电力服务委员会（Commission des services électriques de Montréal，CSEM）❶ 遭受 LockBit 勒索攻击，该机构相关运营活动受到影响。黑客声称须支付 200 万美元赎金，否则将于 8 月 24 日对本次攻击所获取的文件在暗网进行发布。事件发生后，CSEM 迅速联系加拿大国家当局和魁北克省执法部门，经评估后决定拒绝支付赎金。随后攻击中相关失窃文件被黑客公开，CSEM 对上述行为进行谴责的同时，声明黑客所披露的数据对于公众安全和该机构运营带来的安全风险均较低，该机构已恢复其遭受攻击的 IT 基础设施，对其架构进行了更新，并已采取措施将数据失窃影响限制到最低程度 ❷。

6.2　蒙特利尔电力服务委员会概况

蒙特利尔电力服务委员会是成立于 1910 年的蒙特利尔市政府机构，负责该市地下线缆管道的规划、建设、运维及相关基础设施管理。该市能源和电信网络公司通过与 CSEM 合作，其电缆、电信光缆等城市关键基础设施可通过该机构开发运营的地下线缆管道进行敷设，以提供可靠、安全和可持续的地下基础设施网络。

CSEM 是蒙特利尔城市关键基础设施的重要运营单位，对于蒙特利尔市负责承载电缆、电信光缆等城市关键基础设施的管道规划、建设及运营发挥重要决定作用，相关基础设施对于蒙特利尔市的城市正常运转发挥重要支撑作用。在地下管道开发运营方面，当前 CSEM 开发并运营覆盖超过 770km 街道、约 2600 万 m 的地下线缆管道。在地上管道规划建设方面，CSEM 与市政当局及行政区域合作，通过相关管理及干预措施，使其规划与地下管道

---

❶ https://www.csem.qc.ca/notre-reseau.html
❷ CSEM 8 月 28 日于脸书（Facebook）发布的声明：https://www.facebook.com/csemofficiel/

网络相协调，并提出最终建议。在与建筑管道连接方面，经过适当审查后，CSEM 就建筑物须如何与现有能源和电信网络连接提出最终建议。CSEM 掌握了该市城市关键基础设施运行有关重要信息，在城市安全治理方面具有重要战略地位。

6.3 事件过程及分析

LockBit 勒索病毒于 2019 年 9 月第一次正式亮相，因其使用 .abcd 的后缀名来标记已加密的受害者文件，被称为"ABCD"勒索软件。据美国网络安全及基础设施安全局（CISA）相关报告 [1]，从受害者数量来看，LockBit 是全球最活跃的勒索软件组织和 RaaS（勒索软件即服务）[2] 提供商。据网络安全公司 Dragos 相关数据 [3]，2022 年第二季度针对工业系统的勒索软件攻击中，约有 1/3 是由 LockBit 发起，对工控领域内相关大型企业造成了巨大的打击。

CSEM 在遭受攻击的第二天，其运营活动便因相关故障受到影响，随后一周内该机构向其合作伙伴提供的服务均遭受有限程度影响 [4]。本次遭受勒索攻击的 CSEM 为蒙特利尔市政府机构，承担全市电力基础设施管理工作，该机构拥有大量蒙特利尔市关键基础设施相关信息，如不同类型的电缆、管道及其地理位置分布等重要信息，该类信息对于保障城市公共安全具有重要意义。黑客获取相关敏感数据后将可对城市关键基础设施实施精准打击，将严重影响城市正常运行及社会稳定，甚至对国家安全造成威胁。

---

[1] https://www.cisa.gov/news-events/cybersecurity-advisories/aa23-165a
[2] 勒索软件即服务（RaaS）是网络犯罪的一种商业模式，允许任何人注册并使用工具进行勒索软件攻击。与软件即服务（SaaS）或平台即服务（PaaS）等其他服务模式一样，RaaS 客户租用勒索软件服务，而不是像传统的软件分发模式那样拥有它们。
[3] https://hub.dragos.com/whitepaper-understanding-lockbit-3.0-ransomware
[4] https://www.lapresse.ca/actualites/grand-montreal/2023-08-09/des-pirates-s-attaquent-a-des-infrastructures-souterraines-critiques.php

Chapter 7

巴西
"8·15" 大停电事故

7.1　事故概述

当地时间 2023 年 8 月 15 日 8:30:36，巴西东北部电网 500kV 线路 Quixadá-Fortaleza II 因保护误动跳闸，引发巴西国家互联电网（National Interconnected System, SIN）解列为北部、东北部、东南部/中西部/南部电网 3 个部分，造成全国范围大面积停电，共计损失负荷 23 368MW（占比 34.6%），波及 25 个州及首都巴西利亚联邦区电力供应❶。停电造成城市交通混乱、供水中断等问题，部分地区停电长达 6h，对居民生产生活造成严重影响。当天 14:49，电网恢复正常运行。

7.2　巴西电力系统概况

7.2.1　电源情况

根据巴西国家电力调度中心（Operador Nacional do Sistema Elétrico, ONS）发布的信息，截至 2023 年 8 月，巴西电力系统总装机容量 213 225MW❷，其中，水电装机容量 109 275MW（占比 51.2%），火电装机容量 40 446MW（占比 19.0%），风电装机容量 28 521MW（占比 13.4%），光伏发电装机容量 10 623MW（占比 5.0%），分布式发电装机容量 22 370MW（占比 10.5%），核电装机容量 1990MW（占比 0.9%），不同类型电源装机容量和占比情况如图 7-1 所示。

---

❶ https://www.ons.org.br/AcervoDigitalDocum entosEPublicacoes/Perturba

❷ https://www.ons.org.br/Paginas/Noticias/ 20230825-ONS-apresenta-an%C3%A1lises-preliminares-da-ocorr%C3%AAncia-do-dia-15-08-2023-aos-agentes-participantes-da-primeira-reuni%C3%A3o-.aspx

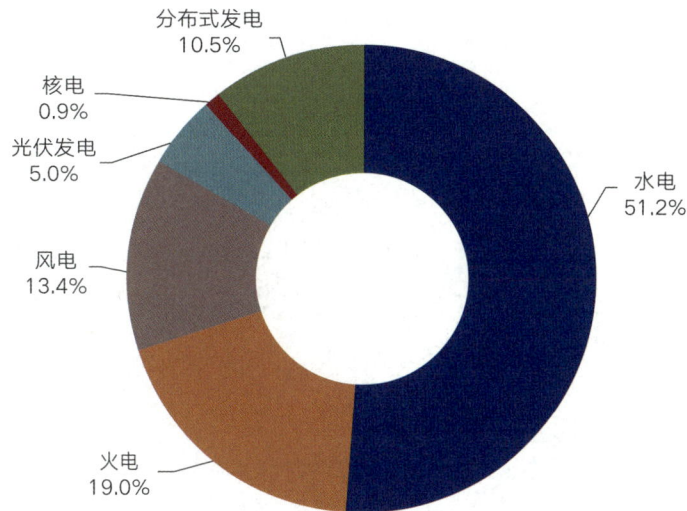

图7-1 巴西不同类型电源装机容量占比

7.2.2 电网概况

SIN 包括五大同步互联的区域电网 ❶：北部电网（North）、东北部电网（Northeast）、中西部电网（Midwest）、东南部电网（Southeast）、南部电网（South），由 ONS 统一调度，SIN 主网架示意图如图 7-2 所示。

巴西交流电网包括 750（仅 Itaipu 水电送出 3 回）、500（主网架）、440、345、230、138kV 等电压等级，南部、东南部地区网架较强，东北部、北部地区相对薄弱。巴西目前已投运 6 回高压直流工程，包括伊泰普（Itaipu）一、二回直流（每回额定电压 ±600kV，额定功率 3150MW），马德拉河（Madeira）一、二回直流（每回额定电压 ±600kV，额定功率 3150MW），美丽山（Belo Monte）一、二回直流（每回额定电压 ±800kV，额定功率 4000MW）。

---

❶ Operador Nacional do Sistema Elétrico. SIN electric energy matrix[EB/OL]. Brazil, Rio de Janeiro: ONS, 2023. https://www.ons.org.br/paginas/sobre-o-sin/o-sistema-em-numeros

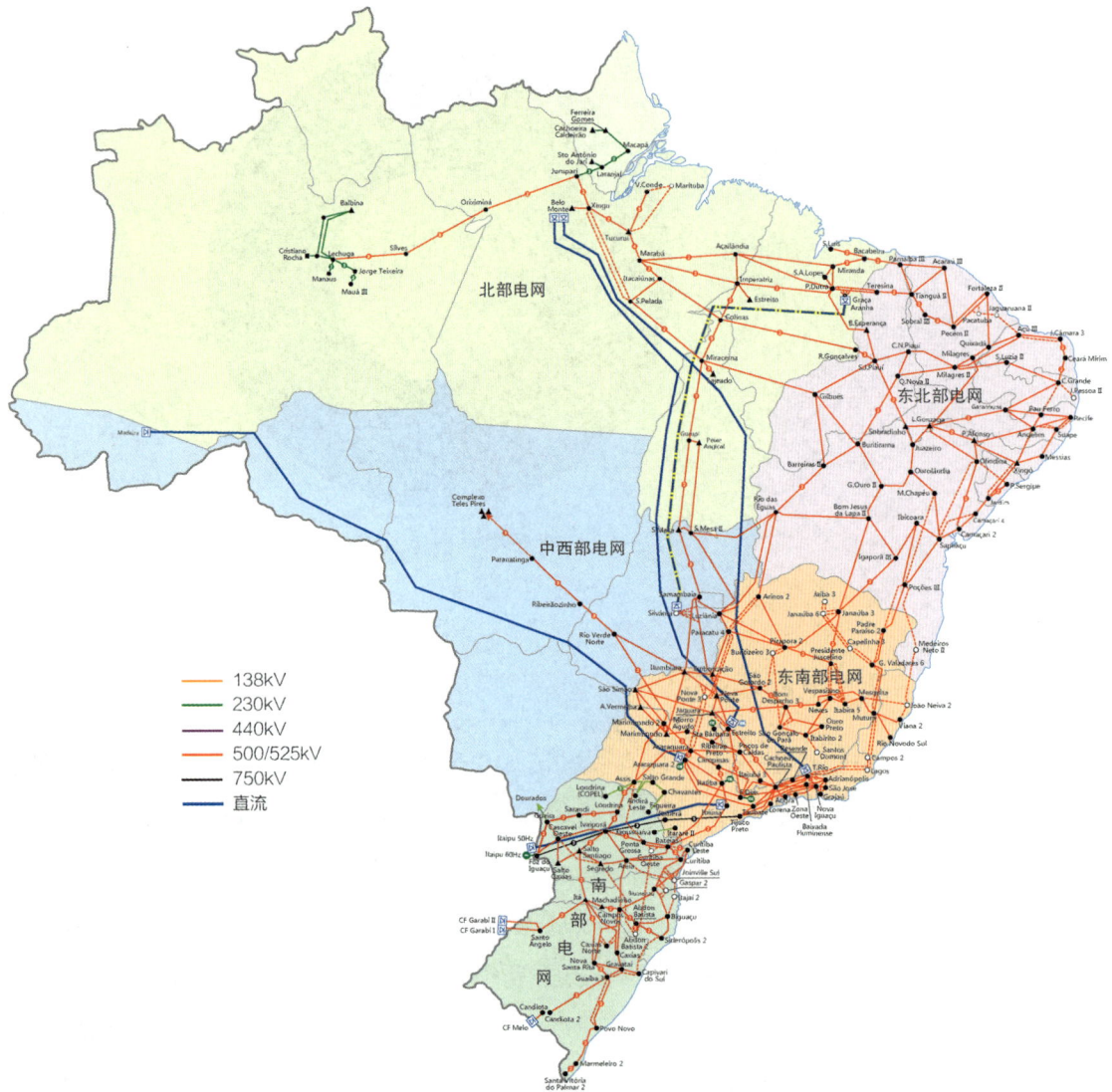

图 7-2　SIN 主网架示意图

7.2.3　负荷概况

巴西电网负荷主要集中在东南部／中西部、南部及东北部地区，其中东南部／中西部负荷占比超过 50%。2022 年平均负荷为 69 936MW，最大负荷为 88 576MW，发生于 2022 年 1 月 24 日。

7.3 事故过程及原因分析

7.3.1 事故过程

1 事故前运行情况

事故发生时巴西正处于枯水季节，东北部风电大发，SIN 全网负荷约 67 508MW，东北部大量风电送往东南部 / 中西部和南部负荷中心消纳，其中部分电力通过北部水电基地的送出直流转供，东北部往东南部 / 中西部、北部的交流送电功率分别高达 6392、5879MW，全部重满载运行。事故前巴西电网各区域发电出力及负荷情况见表 7-1，区域间功率交换情况如图 7-3 所示。

表 7-1　事故前巴西电网各区域发电出力及负荷情况

电源类型	发电出力（MW）			
	北部	东北部	东南部 / 中西部	南部
水电	2493	2539	20 180	10 073
火电	1399	387	6445	1468
风电	210	16 371	3	218
光伏	3	3211	2562	2
合计	4104	22 454	29 189	11 761
负荷	6588	10 151	38 882	11 887
合计	67 508			

2 事故发展过程

本次大停电事故各阶段详细发展过程如下：

（1）北部电网与主网（东北部、东南部 / 中西部和南部电网）解列阶段。

事件 1：8:30:36.944，巴西东北部 500kV Quixadá-Fortaleza II 线路因保护误动（switch on to fault，SOTF）跳闸（线路未发生短路故障）。

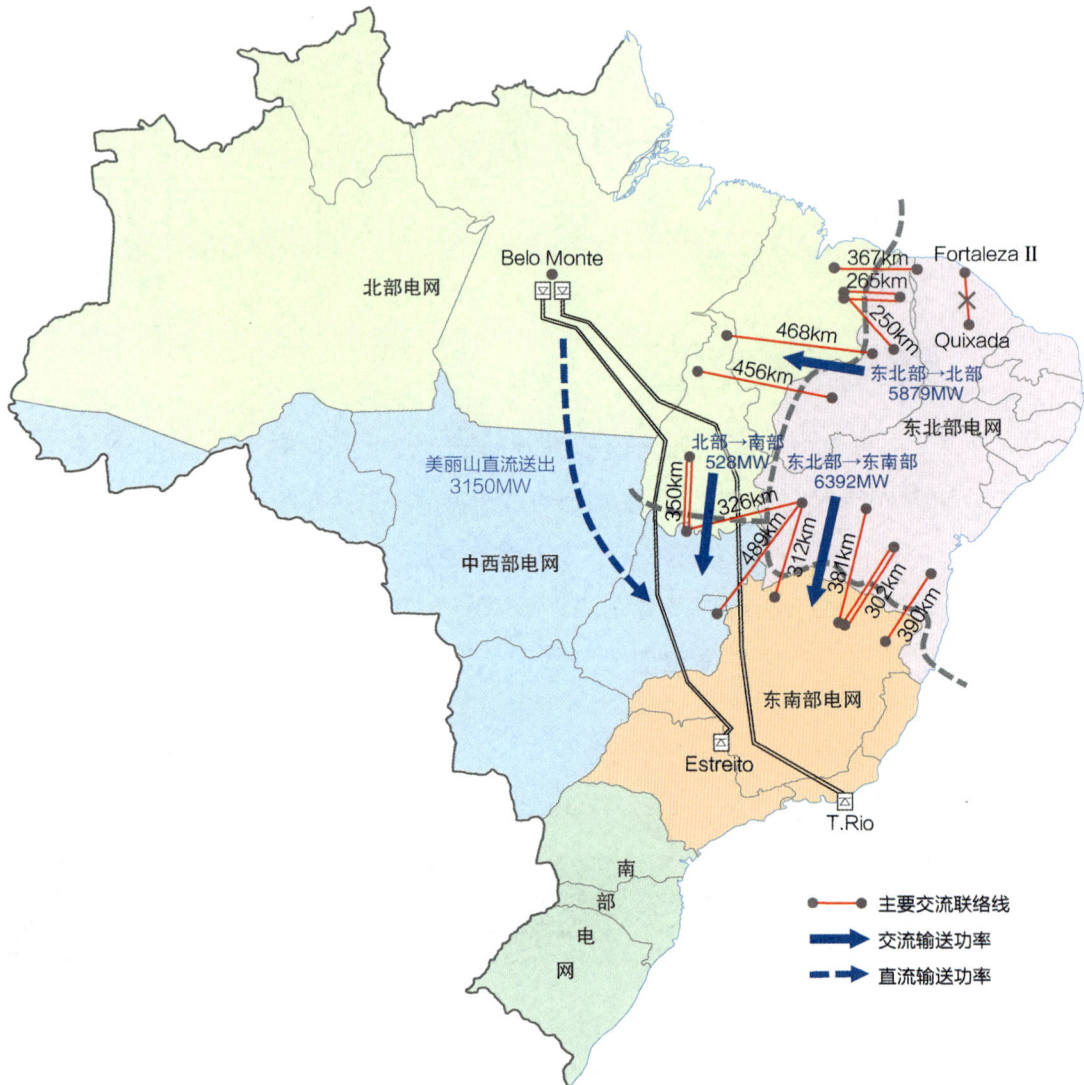

图 7-3　事故前巴西电网区域间功率交换情况

　　事件 2：线路跳闸后潮流转移引发东北部—北部联络通道功率振荡和电压下降，8:30:37.476，500kV P. Dutra-B. Esperança 因失步解列（loss of synchronism protection，PPS）动 作 跳 闸；8:30:37.512，500kV P. Dutra-Teresina II C1 和 C2、P. Dutra-Imperatriz C2 稳控装置动作跳闸。

　　事件 3：8:30:38.633，500kV Miracema- Gilbués III 因 PPS 动作跳闸。

　　事件 4：8:30:38.716，230kV Milagres- Banabuiú 距离保护动作跳闸；8:30:38.737，230kV Teresina II-B. Esperança 距离保护动作跳闸。

　　事件 5：8:30:38.777，500kV Poções III–Padre Paraíso C1 和 C2 因 PPS 动作跳闸；8:30:38.872，500kV R. Gonçalves-Colinas 距离保护动作跳闸，500kV

S. J. Piauí-CJ FV Nova Olinda C1 稳控装置动作跳闸。

事件 6：8:30:38.911，500kV Gilbués II-Buritirama、Gilbués II-S. J. Piauí 距离保护动作跳闸，230kV Gilbués II-Bom Jesus II 距离保护动作跳闸。

事件 7：8:30:39.301，230kV Dianópolis II-Barreiras II 距离保护动作跳闸。

事件 8：8:30:39.324，500kV Sapeaçu- Ibicoara 距离保护动作跳闸；8:30:39.353，230kV Sapeaçu-Mangabeira C1、C2 和 C3、Sapeaçu-S. Antônio de Jesus C1 和 C2、Sapeaçu-Funil 距离保护动作跳闸。

事件 9：8:30:39.535，500kV Gurupi-Peixe II 距离保护动作跳闸；8:30:39.585，500kV Gurupi-Miracema 因 PPS/ 距离保护动作跳闸。至此，北部电网和东北部局部电网（包括 Ceará 州和 Piauí 州）与主网解列。

随后，8:30:39.588，500kV S. Mesa- Gurupi C1 和 C2 因 PPS 动作跳闸；8:30:40.048，500kV Colinas-Itacaiúnas 距离保护动作跳闸；8:30:41.003，500kV R. Éguas-B. Jesus da Lapa II 因 PPS 动作跳闸。

（2）东北部电网与主网（东南部 / 中西部和南部电网）解列阶段。

事件 10：8:30:41.993，500kV Quixadá-Fortaleza II 自动合闸，北部电网与东北部电网尝试重联；8:30:42.146，Quixadá-Fortaleza II 因低电压跳闸，北部电网和东北部局部电网（包括 Ceará 州和 Piauí 州）与主网再次解列。

事件 11：8:30:42.184，500kV Parnaíba III-Tianguá II 距离保护动作跳闸；8:30:42.187，500kV Parnaíba III-Acaraú 距离保护动作跳闸；8:30:42.197，500kV Parnaíba III- Bacabeira 距离保护动作跳闸；8:30:42.358，230kV Coelho Neto-Teresina 距离保护动作跳闸；至此，北部电网与东北部局部电网解列（Ceará 州和 Piauí 州停电）。

8:30:42.499，Quixadá-Fortaleza II 自动合闸，东北部局部电网（Ceará 州和 Piauí 州此时处于孤网运行）尝试与东北部主网重联。

事件 12：8:30:43.964，500kV B. Jesus da Lapa II-Janaúba III 过电压保护动作跳闸；8:30:45.573，500kV Janaúba III-Pirapora II 过电压保护动作跳闸；8:30:46.067，500kV Igaporã III-Janaúba III C1 和 C2 过电压保护动作跳闸；8:30:46.102，500kV Buritirama-Barreiras II 过电压保护动作跳闸。

事件 13：8:30:55.527，230kV Itabaiana- Itabaianinha 过电压保护动作跳闸。至此，东北部电网与主网解列。

整个事故过程中跳闸线路统计如图 7-4 所示。

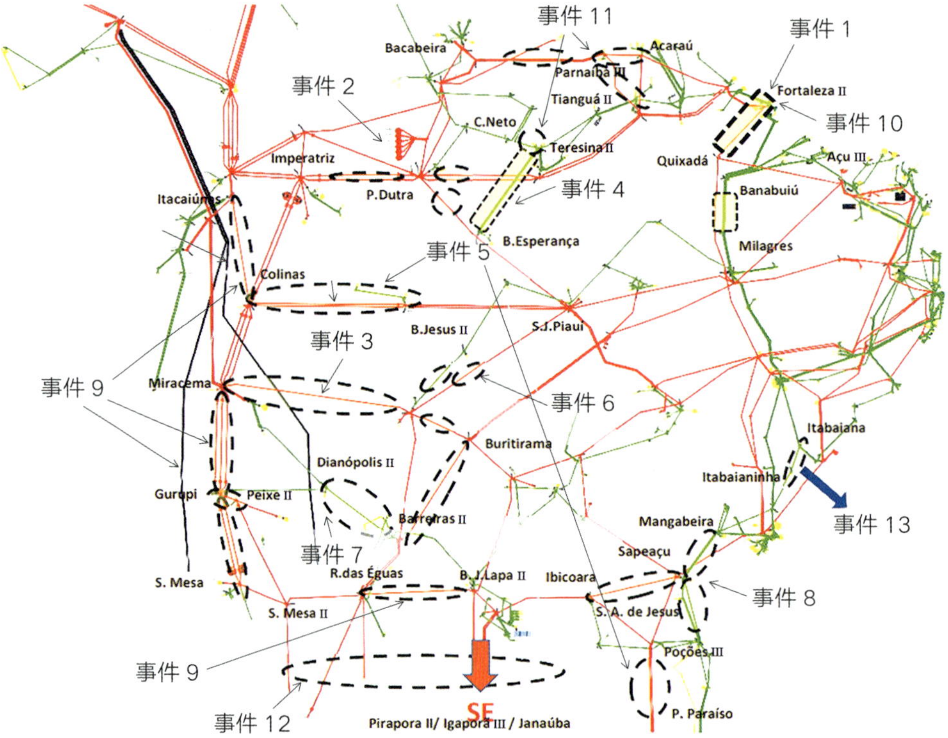

图 7-4 事故过程中跳闸线路示意图

解列后各区域电网情况具体如下：

（1）北部电网存在 5351MW 功率缺额，使得系统频率迅速下降。同时，由于北部枯水期水电开机较少（水电出力 2493MW，仅为北部水电装机容量的 11.2%），系统惯量和调频能力不足，最低频率跌落至 48.5Hz 附近，电网频率崩溃最终全停，美丽山一、二回直流因 Xingu 换流站失压相继闭锁。

（2）东北部电网存在 12 271MW 功率盈余，使得系统频率迅速升高。由于东北部新能源大量并网发电（事故前风电和光伏出力占区域总出力的 87.2%），常规机组开机较少，同样存在系统惯量和调频能力不足的问题。系统频率和电压大幅波动引发大规模新能源脱网，系统频率先高后低，最终低频减载切除负荷及其他负荷损失总计达到 65.7%。

（3）东南部 / 中西部与南部电网损失了跨区受入电力（交流与直流）共 10 070MW，使得系统频率降低，东南部 / 中西部与南部电网低频减载防线动作分别切除 21.2%、20.5% 的负荷。

需要说明的是，大停电事故过程中，国家电网公司在巴西投资的美丽山一、二回直流（简称美一、美二）控制保护系统和稳控系统均正确动作。

事故初期，由于两回直流送端 Xingu 换流站交流母线电压和频率降低，美一、美二的功率调制功能分别于 8:30:39、8:30:40 正确动作，发出降低两回直流功率至双极最小功率 400MW 的指令（事故前美一、美二直流功率分别为 1149、2001MW），旨在降低北部电网频率跌落程度；事故后期，随着北部电网频率、电压逐渐崩溃，美一的交流低电压保护和美二的直流低电压保护间隔 3s 相继动作（美一保护动作时间 8:30:52，美二保护动作时间 8:30:55），闭锁两回直流；直流闭锁后，稳控系统正确动作，按照稳控策略发出切机 3780MW 的指令。

大停电事故发展过程中北部、东北部和东南部 / 中西部 / 南部电网频率变化如图 7-5 所示。

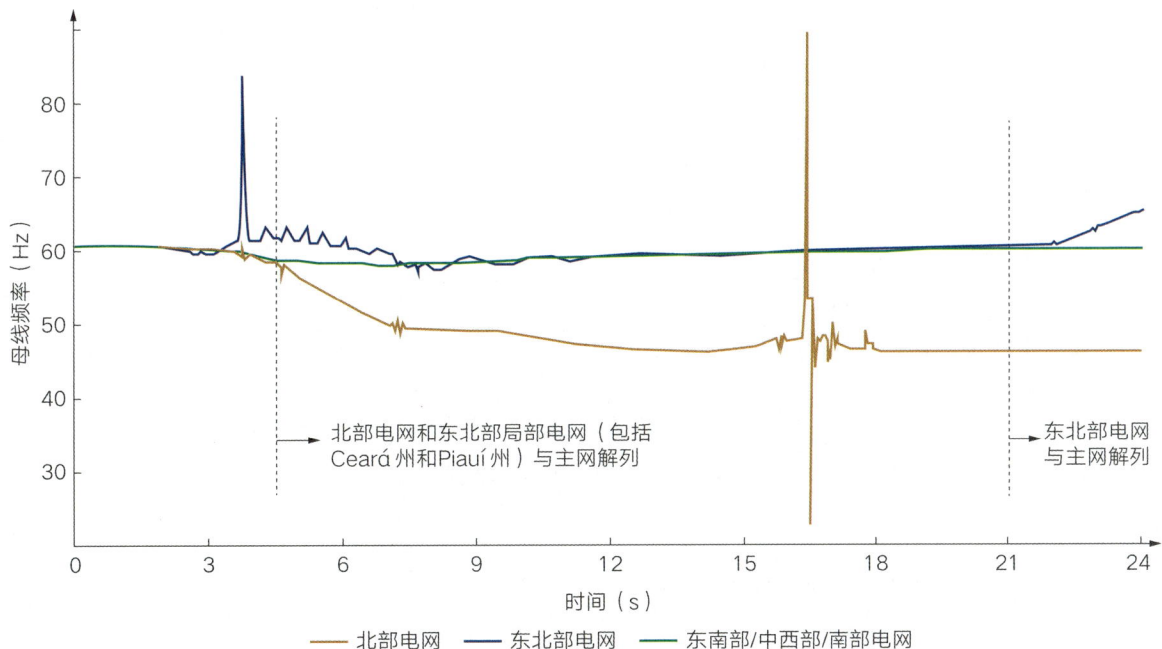

图7-5　北部、东北部和东南部/中西部/南部电网频率曲线图

3　事故恢复过程

在 ONS 协调下，8:43，南部电网中断电力开始恢复，9:05 恢复完成。8:52，东南部 / 中西部电网中断电力开始恢复，9:33 恢复完成。东北部电网和北部电网中断电力分别于 9:12 和 9:19 开始恢复，14:49 恢复完成。至此，SIN 完全恢复。

4 事故后仿真分析

本次事故后，ONS 基于实时潮流情况和官方机电暂态数据（部分模型数据由设备运行商提供），试图通过仿真进行事故反演，然而，仿真发现 Quixadá- Fortaleza II 跳闸后并未引起电压大幅下降及后续连锁故障现象，无法复现事故过程。之后，ONS 调整了仿真模型（主要针对风电和光伏模型），调整后的仿真结果接近事故过程中的 PMU 录波曲线。调整前后巴西东北部电网 500kV Acu III 变电站母线电压仿真结果与 PMU 录波对比如图 7-6 所示。

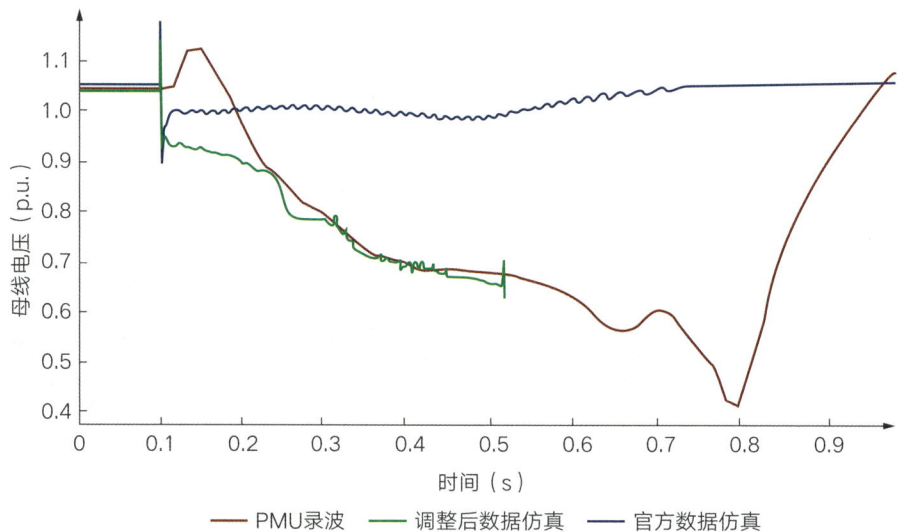

图7-6　500kV Acu III 变电站母线电压仿真结果与PMU录波对比

7.3.2　事故原因分析

经分析，本次大停电事故的直接原因主要包括线路保护误动、新能源仿真建模不准确、关键线路跳闸引发大范围连锁反应等；进一步，结合历次大停电事故情况，总结梳理出巴西电网存在网架结构薄弱、电源支撑不足、技术防线不完善、安全管控存在短板等深层次问题。

1 直接原因

（1）线路保护误动。本次事故的起因是巴西东北部电网 500kV Quixadá- Fortaleza II 线路 SOTF 保护装置误动导致线路跳闸。一方面，该保护在线路投入正常运行后应退出，但从事故过程来看，该保护实际并未退出运行；另一方面，按照该保护策略的设定要求，电流定值须大于线路正常运行最大电流、小于线路故障最小短路电流，故障前 Quixadá-Fortaleza II 线路电流为 2375A，并未超过规定的最大电流 2390A，但仍触发保护动作，说明保护定值设置可能存在偏差。

（2）新能源仿真建模不准确，未提前部署因低电压引起连锁故障的防御措施。本次大停电事故的一个重要原因是新能源动态无功特性仿真建模不准确，导致对系统特性的认知存在偏差，未提前部署相关安全防御措施。事故过程仿真表明，故障后东北部某风电场和某光伏电站分别发出无功功率 40、160Mvar，500kV Acu III 变电站母线电压始终保持在 0.9p.u. 以上；但 PMU 录波显示，该风电场和光伏电站实际分别吸收和发出无功功率 60、30Mvar，500kV Acu III 变电站母线电压最低跌落至 0.5p.u. 以下，导致事故仿真反演无法复现事故过程。为此，ONS 对风电、光伏仿真模型中无功控制逻辑以及逆变器故障下的无功电流注入逻辑进行修改，之后仿真结果能够接近 PMU 录波。相关仿真和录波对比曲线如图 7-6、图 7-7 所示。

（3）关键线路跳闸，引发大范围连锁反应。500kV P. Dutra-B. Esperança、P. Dutra-Teresina II C1 和 C2 是巴西北部与东北部电网的 3 回重要联络线，Quixadá-Fortaleza II 跳闸后潮流转移引发 3 回联络线跳闸，是后续大范围线路连锁跳闸的导火索。其中，P. Dutra-B. Esperança 线路 PPS 动作率先跳闸（跳闸前 P. Dutra 电压 0.92p.u.、B. Esperança 电压 0.68p.u.，线路两端电压相差较大、输送大量无功功率，触发 PPS 动作），继而引发稳控动作切除 P. Dutra-Teresina II C1 和 C2 以及 P. Dutra-Imperatriz C2（北部电网内部线路）。Quixadá-Fortaleza II 以及 3 回联络线跳闸后引起的大规模潮流转移导致 500kV C. Grande、Acu III 以及 230kV Banabuiú、Icó 等多个变电站母线电压跌落至 0.5p.u. 以下，继而造成更大范围内线路保护、PPS 等正确动作或误动跳闸，进一步恶化了连锁反应，导致北部、东北部、东南部 / 中西部 / 南部电网之间产生严重功率振荡、系统失去同步，最终解列成 3 个部分。

2 深层次原因

近年来巴西电网多次发生大停电事故，2010 年以来负荷损失量接近或超过 10 000MW 的停电事故共有 5 次，事故情况对比见表 7-2。

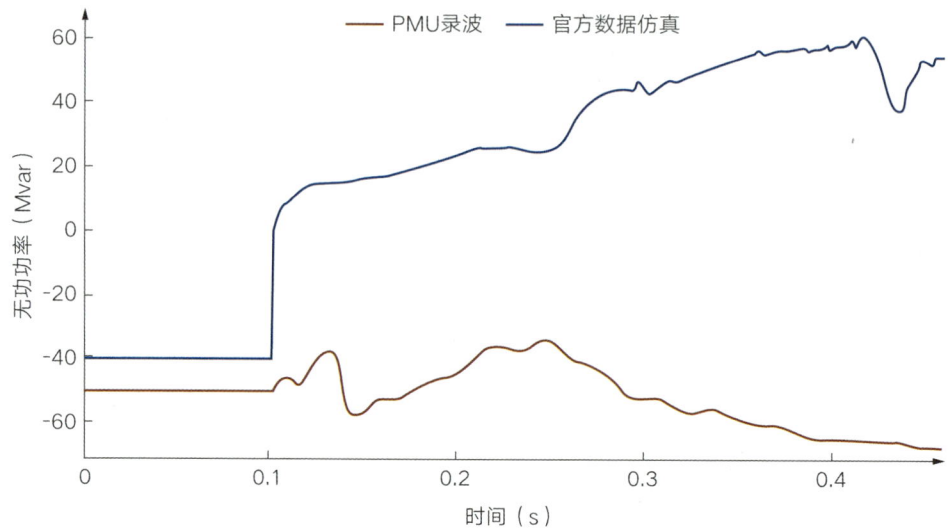

（a）风电场无功功率

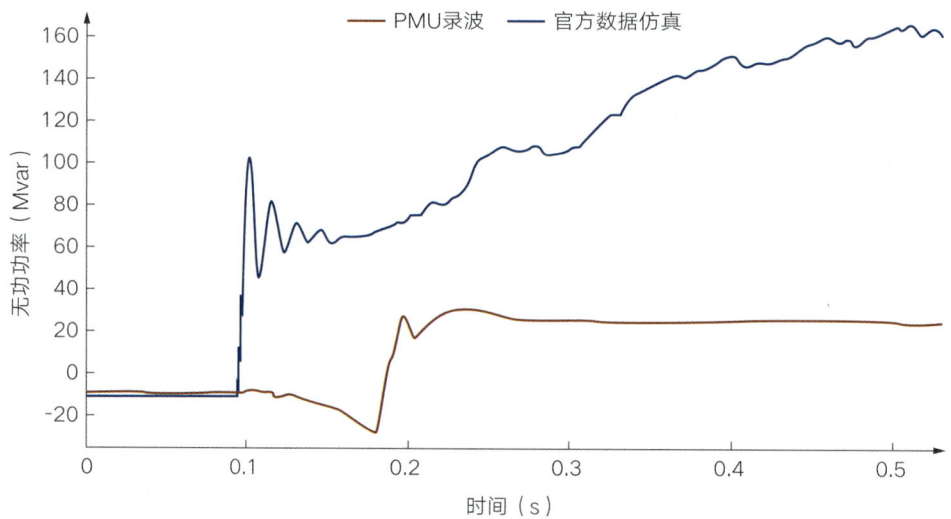

（b）光伏电站无功功率

图7-7　风电、光伏无功功率仿真及PMU录波对比

表 7-2　2010 年以来较为严重的巴西大停电事故对比

发生时间	事故起因	损失负荷（MW）	持续时间（h）	停电范围
2011.2.4	变电站开关失灵保护误动	8000	8	东北部地区
2012.10.26	线路可控串补故障、变电站保护误动	9500	4	北部大部分和东北部地区
2013.8.28	火灾引起双回线路跳闸	10 900	4.5	东北部大部分地区

（续表）

发生时间	事故起因	损失负荷（MW）	持续时间（h）	停电范围
2018.3.21	断路器过载保护动作	20 528.5	5	全国大部分地区
2023.8.15	线路保护误动	23 368	6	全国大部分地区

对比总结 5 次大停电事故的原因可知，巴西电网存在以下 4 个方面的深层次问题。

（1）网架结构薄弱，电网发展滞后于新能源。近年来巴西东北部地区新能源快速发展，风电装机容量已经超过 25 000MW，然而送出网架建设滞后，仍依托现有 500kV 电网长距离外送，线路长度普遍超过 300km，通道外送能力明显不足，且转移支援能力较差，难以满足送电需求。本次事故前，东北部风电大发，不仅送东南部 / 中西部电网的交流通道重载，输送功率高达 6392MW 接近稳定极限（稳定限额 7000MW），3150MW 电力还需要通过北部水电基地的送出直流美一、美二长距离迂回送往东南部 / 中西部，区域电网间交流联络通道故障承载能力不足，是引发连锁反应的根本性原因。此外，东北部电网 Milagres 变电站和 Fortaleza II 变电站之间存在 500kV/230kV 电磁环网，Quixadá-Fortaleza II 跳闸后引起的潮流转移导致多个变电站母线电压大幅跌落至 0.5p.u. 以下，加剧了事故蔓延扩大。回顾巴西历次停电事故，由于电网结构薄弱，故障后潮流转移引起连锁跳闸均是事故扩大的重要原因。

（2）电源支撑不足，系统抵御故障能力较低。巴西东北部电网汇集了大量新能源，常规电源装机较少，水电和火电装机容量占区域总装机容量的 34.9%。而枯水期水电出力仅占区域水电装机容量的 23%，水电出力下降进一步加剧了电源支撑的不足。事故前东北部风电和光伏出力占区域总出力达 87.2%，该地区及其往北部、东南部 / 中西部的送电通道上均缺少常规电源支撑。新能源高占比、送出通道重载叠加电源支撑不足，导致系统惯量和调频能力较低，电网抵御故障能力差，电网扰动和潮流转移引发系统频率、电压大幅波动，东北部 500kV J. Camara、Milagres 等变电站母线电压最低跌落至 0.35p.u. 附近，进而导致大量线路及发电机组相继跳闸，其中东北部地区新能源脱网量超过 15 000MW，导致该地区解列后从电力过剩转向严重缺额，系统频率由 64.3Hz 跌落至 57Hz，最终负荷损失达 65.7%。

（3）技术防线不完善，未能有效阻止事故扩大。由表 7-2 可以看出，设备保护误动或者定值设置不合理，是引发巴西电网屡次发生大停电事故的重要原因。继电保护作为保障电网安全稳定运行的第一道防线，一旦不正确或不恰当动作，极易引发电网故障甚至导致事故扩大，但该问题始终未能得到有效解决。此外，巴西电网结构的脆弱性和复杂性也使得安全稳定紧急控制、失步解列等技术防线配置难度大，难以兼顾不同类型故障形态下的系统稳定要求。本次事故起因是线路 SOTF 保护装置误动，事故过程中还存在部分线路距离保护、PPS 误动引发跳闸的情况，比如 500kV Gurupi-Peixe II 线路距离保护误动（距离 II 段保护未采用振荡闭锁功能）、500kV Miracema-Gilbués III 线路 PPS 误动（动作特性与死区设置情况不符）等，相关防御措施未能有效阻止故障蔓延，反而可能造成事故扩大，表明巴西电网技术防线可能存在装置老化、技术不适应、定值不合理等问题。

（4）安全管控存在短板，不适应转型发展要求。本次事故中巴西东北部电网单回 500kV 线路无故障跳闸引发全网大范围停电，未能满足其自身标准规定的单一元件故障下电网保持安全稳定运行的要求；部分重要断面事故前超稳定限额运行（东北部送北部电网联络通道功率 5879MW，超过稳定限额 5800MW）；设备运行商提供的风电、光伏仿真模型不准确，事故后 ONS 第一时间开展的事故仿真反演无法复现事故过程。上述情况表明巴西电网对于高比例新能源系统波动性、脆弱性的认识存在不足，对新能源机组仿真模型和参数的管理存在缺陷，在电网运行整体管控方面存在短板。在历次事故中还暴露出，巴西电网输变电工程设备资产分属于不同的投资主体，存在安全责任界面不清晰、管理不规范等问题，也是其大停电事故频发的重要原因。

尼日利亚
"9·14" 大停电事故

8.1　事故概述

当地时间 2023 年 9 月 14 日 0:35，尼日利亚电网 330kV 输电线路设备发生火灾，引发系统连锁故障，并导致电网全面崩溃。事故引发全国大范围停电，该国的电力供应从日均的 4100MW 下降至当天凌晨的不足 40MW，电力供应减少了 99%。截至当日 22:00，电网已全部恢复。

8.2　尼日利亚电力系统概况

8.2.1　电源概况

根据尼日利亚电力监管委员会（NERC）2023 年第三季度报告，截至 2023 年 9 月，尼日利亚境内总装机容量约为 12 600MW，其中，火电装机容量约 10 600MW，水电装机容量约 2000MW，共有 23 座火电站（主要为燃气机组）和 4 座水电站，主要由尼日利亚 6 家发电公司管理和运营。2023 年第三季度平均可用发电容量为 4211.44MW。

8.2.2　电网概况

尼日利亚电网主要有 330、132、66、33kV 等电压等级。其中，主网架由 330kV 和 132kV 线路构成，由尼日利亚输电公司（TCN）负责运行、维护及扩建管理，地理接线图如图 8-1 所示。截至 2023 年 9 月，尼日利亚电网最大输送能力为 8100MW，实际最大发电功率为 5800MW，发生于 2021 年 3 月 1 日。

尼日利亚电网调度运行由输电公司下属的系统运行机构负责，下辖 1 个国家控制中心、3 个区域控制中心和 8 个区域运行协调单元。根据尼日利亚电网运行准则，紧急和极端状态下，可采取的安全防护措施包括励磁控制、发电机跳闸、低频减载和电网解列等。

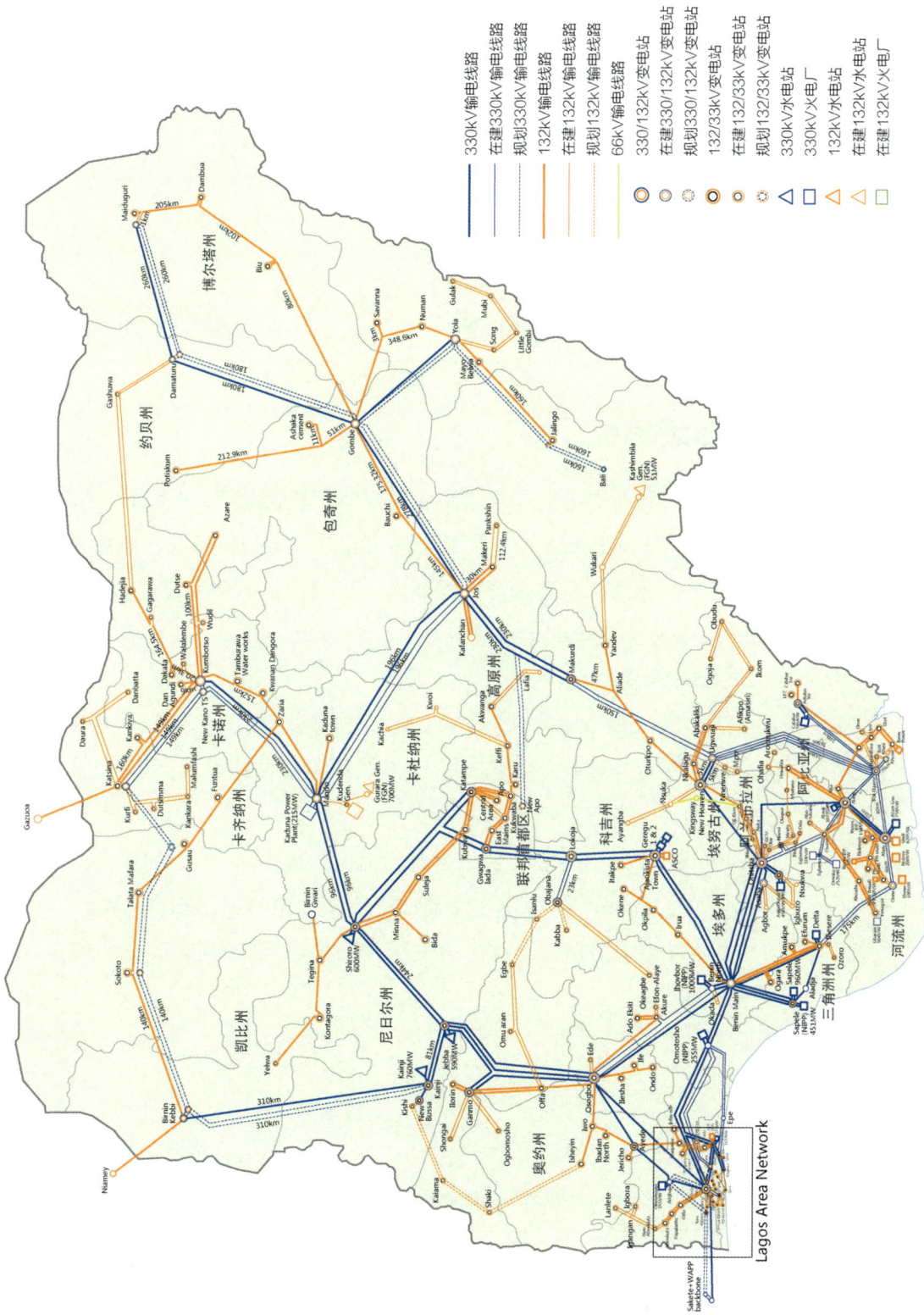

图8-1 尼日利亚地理接线图

8.2.3　负荷概况

尼日利亚电力供应主要由 11 家配电公司负责，由于人口和工业主要集中在南部地区，其电力消耗约占全国的 73%[1]。TCN 数据显示，尼日利亚全国峰值负荷需求接近 20 000MW。

8.3　事故过程及原因分析

8.3.1　事故过程

综合尼日利亚输电公司公告和相关媒体报道信息[2]，9 月 14 日凌晨，该国尼日尔州（Niger state）中北部连接 Kainji 和 Jebba 两座水电站的输电设施发生火灾和爆炸，导致全国电网崩溃。事故初始故障所在的大致区域如图 8-2 所示，事故当天电网运行关键数据见表 8-1。

事故大致过程如下[3]：

0:35，330kV Kainji 水电站与 Jebba 水电站之间的 2 号线路 C 相电压互感器（CVT）发生爆炸，并且 1 号线路 C 相绝缘设施着火，导致 Jebba 水电站发电机组进入空载运行状态。

0:40，Shiroro 水电站 2 台机组退出运行，损失出力 224MW。

0:40:58，Kainji 水电站 4 台机组退出运行，损失出力 423MW。

0:41，发电出力损失导致供需失衡，引发电网系统崩溃。

---

[1] Transmission Expansion Plan-Development of Power System Master Plan for the Transmission Company of Nigeria

[2] https://www.legit.ng/business-economy/energy/1553987-minister-power-explains-national-grid-collapse-tinubus-administration/

https://businessday.ng/news/article/how-kainji-explosion-led-to-nationwide-blackout-power-minister/

[3] 尼日利亚电力监管委员会（NERC）2023 年第三季度报告

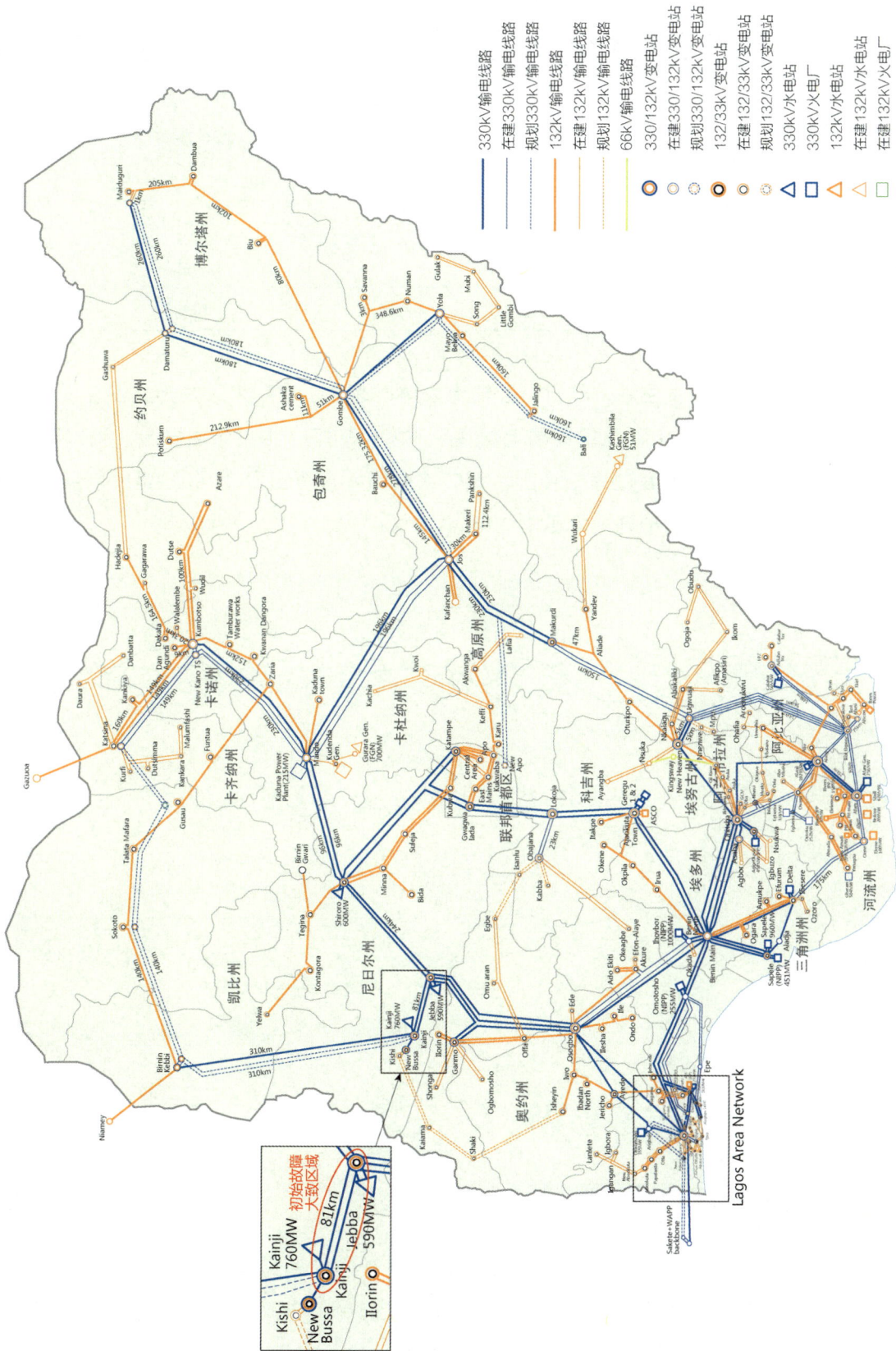

图 8-2 初始故障大致区域

表 8-1　9 月 14 日尼日利亚电网运行关键数据

类型	数值
峰值发电功率	3718.1MW
最低发电功率	36.7MW
最高系统频率	51.114Hz
最低系统频率	48.41Hz
最高电压记录值	364kV
最低电压记录值	303kV

事故发生后，尼日利亚输电公司迅速着手控制火灾并开展恢复工作。图 8-3 为 9 月 13~15 日该国电网每小时发电功率，相关数据显示，当日 6:40 左右，系统恢复过程中经历了第二次崩溃。直至当日 22:00，电网陆续完成恢复，受影响地区恢复正常供电。

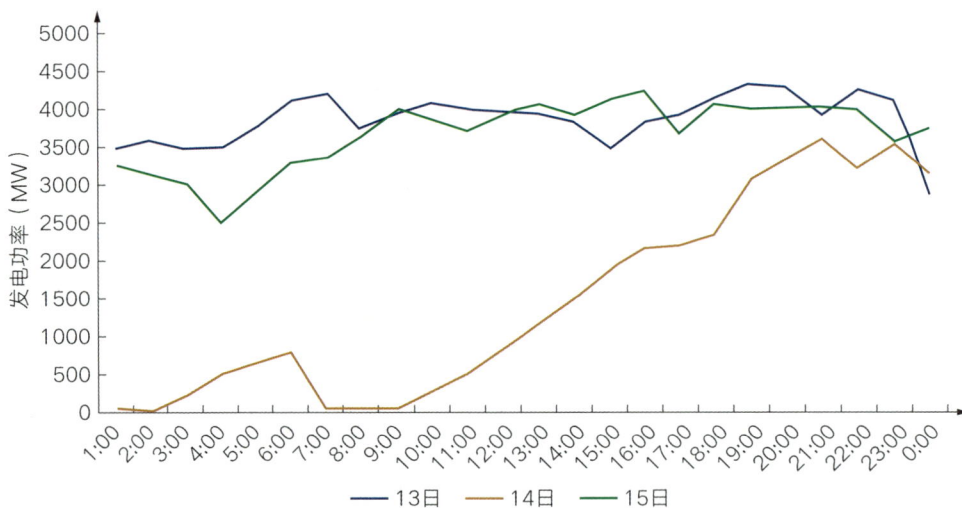

图8-3　9月13~15日每小时发电功率

8.3.2　事故原因分析

1　电力基础设施薄弱

尼日利亚电力基础设施老旧、日常维护不力、电力投资不足，导致该国停电事故频发。坚强的网架基础是确保大电网安全的物理基础，但该国电力部门长期面临资金不足的重大挑战，根据 Fitch Solutions 最新预测，

2022~2030 年尼日利亚电力装机容量年均增长率仅为 2%。2017~2023 年尼日利亚共发生 46 次系统崩溃事故 ❶。本次事故至上次全国停电事故间隔仅421 天，但已是该国电力系统历史最长安全运行记录 ❷。

2 安全防御措施匮乏

尼日利亚输电设备发生火灾并引发爆炸后，电网整体安全防护体系未能及时隔离故障。一方面，系统旋转备用不足，运行安全裕度较低；另一方面，该国电网缺乏有效频率稳定控制措施，一旦因设备故障等原因引发电网扰动，系统频率振荡极易引发电网崩溃。

3 电力可靠供应能力不足

尼日利亚油气资源丰富，但受制于产能不足、出口量大，难以满足国内能源需求，实际发电能力仅能达到电源装机容量的 1/3 左右，电力需求缺口巨大。据世界银行统计，该国有超过 8000 万的无电人口。输电容量不足，电力供应不稳定，迫使大多数家庭和企业购置柴油和汽油发电机备用。

---

❶ https://www.pulse.com.gh/business/international/timeline-nigerias-electricity-grid-collapsed-46-times-from-2017-to-2023/8rqj2f5
❷ https://tcn.org.ng/blog_post_sidebar200.php

总结与启示

9.1　事件演化规律

本书详细分析了 2023 年发生的 8 起大停电及电力突发事件（见表 9-1），回顾了 2019~2022 年间发生的 23 起典型事件（见附录 A）。总结这些事件，不难发现其大致可分为三个阶段，一是外部破坏到电力系统故障，也可以称为事件的诱因；二是电力系统故障扩大直至造成大面积停电；三是大面积停电事故传导至供水、交通、通信等其他基础设施，对经济社会产生巨大影响。如图 9-1 所示。

图 9-1　大停电及电力突发事件发展阶段

第一阶段，外部破坏触发电力系统初始故障扰动。触发因素主要为自然灾害、极端天气、蓄意破坏、设备故障、人为误操作等。

（1）自然灾害。自然灾害主要可划分为气象、地质以及由多重灾害串发或共发构成的复合自然灾害三大类，具有突发性强、灾害源复杂、影响范围广、持续时间长、次生灾害多等特点。严重自然灾害作用于电力系统常造成大量输变电设备停运，易引发连锁故障造成大面积停电。2022 年 3 月 16 日，日本地震造成电力基础设施受损，引发东北和关东地区大面积停电。

（2）极端天气。在全球气候变化的背景下，极端天气呈多发频发趋势。极热或极寒天气往往会导致电力负荷激增、电源出力骤降，造成电力供需不平衡，引发频率、电压异常，大量负荷被切除以维持系统稳定，从而造成大面积停电。2021 年 2 月 15 日，极端寒潮天气下美国得州负荷激增，加之新能源出力受限、区域间电力协调互济能力不足等原因，造成电力供应短缺。

（3）蓄意破坏。蓄意者发动的针对电力一、二次系统和供应链有选择性地攻击和破坏，如网络攻击、物理打击等形式。这类事件一般由独立行为主体发动，并具有特殊的目的和意义。2022 年 2 月 24 日，卫星通信遭受网络攻击而服务中断，导致欧洲近 6000 台风电机组失去远程控制服务。

（4）一般性故障。具体包括设备故障、人为误操作、外力破坏等。电力系统设备自身故障与外部破坏不同，往往是由于其本身存在固有缺陷或者在长期运行中设备老化，电气特性、机械特性发生改变，检修维护不到位，设备突然故障或失效；人为误操作对电力系统造成的破坏，出现在电力运行生产的各个环节，如系统检修运维、倒闸操作等方面；外力破坏是指站线周边施工、火灾等导致杆塔损毁、开关设备跳闸、线路闪络或电缆损坏等。2023 年 3 月 1 日，阿根廷因农场焚烧秸秆引发火灾导致输电线路跳闸。

第二阶段，初始故障扰动扩大直至造成大面积停电事故。从初始电网故障叠加各种因素交织演化发展为连锁故障，具体包含网架结构不合理、系统支撑能力不足、网源协调不当、安控策略设置有误、安全防护不到位、应急处置不完善等诸多内在推动因素。

（1）网架结构不合理。区域电网间通过多个输电通道联系，通道间线路相互影响，一旦输电通道发生故障，易造成潮流大量转移，引发后续连锁故障。巴基斯坦单一通道输电比例过大，大量机组打捆后集中送出，机组及送电通道间相互影响，存在连锁反应风险，2023 年 1 月 23 日，巴基斯坦电网振荡引发南北交流通道 3 回 500kV 线路相继跳闸，南部电网与北部电网解列。阿根廷电网东北部水电仅通过 2 个 500kV 交流通道送往南部负荷中心，2023 年 3 月 1 日交流通道的 3 回 500kV 线路因火灾故障跳闸，导致阿根廷电网解列和后续的大停电事故。

（2）发电充裕性不足。若一次能源供应不足或极端天气导致新能源出力受限，极易导致供需失衡，引发大面积停电。2021 年 2 月 15 日，极端低温天气下美国得州负荷大增，而燃气机组、风电出力大幅降低，造成电力供应短缺。2023 年 6 月，越南全国多座水电站因高温干旱造成停运，电力供应出现较大缺口，不得不采取轮流停电。

（3）系统支撑能力不足。电源除了承担发电这一基本任务外，在电力系统安全稳定运行中还发挥着关键性支撑和调节作用。在现有技术条件下，若新能源占比过高，系统惯量水平低，抗扰动能力差，对系统的支撑和调节能力不足，外部冲击下系统易发生连锁反应，引发大停电。2023 年巴西"8·15"大停电事故中，由于巴西东北部缺少常规电源支撑，系统惯量和调频能力较低，故障扰动引发系统频率、电压大幅波动。

（4）网源协调不当。电力系统网源协调涉及发电机励磁系统、电力系统稳定器（PSS）、调速系统及一次调频、涉网保护、自动发电控制（AGC）、自动电压控制（AVC）等多个方面，对系统稳定运行起着重要作用，网源协调相关系统或设备技术性能不达标，或参数整定有误，易导致电网事故扩大。2023 年巴基斯坦"1·23"大停电事故中，机组低频保护动作先于系统低频减载，造成了事故的扩大。

（5）运行方式安排不合理。未进行正常及检修方式下必要的安全稳定分析，方式安排不当或采取预防措施不足，未能达到安全稳定标准要求。2023 年 4 月 26 日，瑞典电网在检修期间叠加发生短路故障，400kV Hagby 变电站发生三相短路，导致系统电压骤降。

第三阶段，衍生事件滋生，大停电后果蔓延。电力系统作为公共基础设施的"基础"作用突出，大停电事故往往会造成其他城市关键基础设施产生级联失效现象，加剧了对整个城市系统的正常运转的影响。2019 年 6 月 16 日，阿根廷与乌拉圭两国停电，城市地铁和铁路全部停运，交通混乱、商户暂停营业，银行系统瘫痪，通信网络一度中断，造成了严重的影响。2020 年 8 月 17 日，斯里兰卡大停电，交通、供水、医院和其他重要基础设施均受影响。2023 年 1 月 23 日，巴基斯坦大停电，因水泵缺乏电力，影响了部分自来水供应，互联网、移动电话服务、企业用电和医疗用电也受到影响。

表 9-1 2023 年大停电及电力突发事件汇总

序号	地点	发生时间	诱因	演化扩大原因	后果及影响			
					影响区域	停电规模（MW）	停电时长	经济社会影响
1	巴基斯坦	2023 年 1 月 23 日	设备故障	网源协调不当、电网结构不合理	全国	11 356	14h	2.2 亿人
2	南非	自 2022 年 9 月	运营不善、蓄意破坏	电力设施缺乏维护、供电充裕性不足	全国	—	12h/ 天	5989 万人
3	阿根廷	2023 年 3 月 1 日	外力破坏	网架薄弱，防御措施不完善	首都布宜诺斯艾利斯在内的中北部 7 个省份	10 000	—	2000 万人
4	瑞典	2023 年 4 月 26 日	操作失误	运行方式安排不合理	瑞典首都并波及了芬兰、挪威及丹麦东部地区	2160	—	—
5	越南	2023 年 6 月	极端气温	供电充裕性不足、网架结构不合理	越南北部北宁省和北江省区域内的工业园区以及河内地区	8000	近 1 个月	9818 万
6	加拿大	2023 年 8 月 3 日	网络攻击	—	蒙特利尔市电力服务委员会	—	—	相关电力文件被黑客公布在暗网
7	巴西	2023 年 8 月 15 日	设备故障	网架结构薄弱、防御措施不完善	除罗赖马州外的 25 个州及首都	23 368	6h	2.14 亿人
8	尼日利亚	2023 年 9 月 14 日	外力破坏	电力基础设施薄弱	全国	4070	10h	2.19 亿人

9.2   未来发展态势

随着电力系统面临的外部形势以及内部特性变化，大停电及电力突发事件呈现新的趋势和特征。

（1）极端天气、严重自然灾害频发，电力系统安全运行面临的外部环境威胁加剧。由于新能源高比例接入及温敏负荷规模大幅增长，极端天气下电力系统源荷大幅逆向波动，"极热无风、极旱缺水、极寒故障"等问题突出，叠加高热、极寒天气带来负荷大幅攀升，易造成电力系统供需严重失衡；严重自然灾害发生时，系统遭受破坏场景远超现有的生产组织和防御体系，容易导致电力基础设施大面积停运，引起大范围停电事故。极端天气或严重自然灾害往往是几十年一遇甚至百年一遇的小概率事件。然而，受气候变化、全球变暖影响，近年来极端天气、严重自然灾害发生频率增大，爆发规模不断升级，目前在局地、偶尔出现的极端场景未来可能大范围、常态化出现，对电力系统安全运行威胁加剧。

（2）电力系统遭受蓄意破坏风险增加，破坏方式呈现新特征。国际形势严峻，电力系统遭受物理打击的风险增大。高新技术装备的发展衍生出无人机等新兴打击手段，此类手段具有成本低、目标小、机动性强、隐蔽性高等特点，可无需考量破坏目标的价值高低，而对能源电力设施进行无差别打击，在俄乌冲突中已充分展示了其对能源电力设施的破坏力。随着电力系统与信息系统深度融合，电网设备节点急剧增加，数据交互更加广泛，网络边界不断扩大，网络安全防护面扩大、风险点增多，网络攻击通过削弱甚至完全破坏工控系统的正常功能，从而影响电力一次系统运行，达到类似于物理攻击的效果，已成为蓄意破坏能源电力设施的首选方式。除此之外，通过网络手段窃取能源电力基础设施关键信息从而对运营主体进行勒索，也成了网络攻击的一种重要方式。

（3）新能源高比例接入引发系统连锁故障风险增大，故障演化过程呈现新特征。现有技术条件下，风电、光伏等新能源爆发式并网替代同步发电机，系统惯量和支撑调节能力持续下降，稳定裕度不断降低；海量电力电子设备并网后，系统复杂性呈指数型上升，抗扰能力直线下降，宽频振荡等以往易发生在新能源富集、弱电网区域的新型稳定问题的范围和影响不断扩大，且更加难以预判抑制；系统在扰动冲击下更易引发连锁故障，故障在电力电子装备的快速响应作用下传播速度更快，可能在多时间尺度、跨层级多路径演化传播，后续影响和传播过程呈现出多维度、非线性和动态变化的特点。

（4）电力系统与燃气、供水、交通等其他关键基础设施呈现高度耦合性，大停电次生、衍生后果更加严重。随着电源侧能源结构向清洁能源转型升级，负荷侧分布式能源快速增长，电能在终端能源中的比重不断提升，电力系统与燃气、供水、交通等其他关键基础设施耦合关系更加紧密且复杂，尤其在严重自然灾害等极端场景下，关键基础设施耦合失效风险加剧，对经济社会运转产生显著影响。如大停电事故中交通信号灯失效、GPS 系统无法运作，城市地铁、公交、铁路和航空运输等交通工具被迫停运，导致交通系统陷入混乱，交通的停摆影响电力应急抢修进度，进一步延长停电时间。

9.3 有关启示

针对大停电事故及电力突发事件的发展演化过程及规律，结合内外部风险变化及我国电力系统特点，得到启示如下：

（1）针对给电力系统造成威胁的源端事件，如网络攻击、物理破坏、自然灾害、常规误操作事件等，做好事前准备，提高事件的预警、预防能力。

完善灾害监测与预警体系。建立全面的自然灾害监测网络，对地震、洪涝、台风、冰灾等自然灾害进行实时监测，及时发现潜在的灾害风险，加大信息共享力度，以便及时获取灾害信息；加强灾害预测技术研究，提高预测精度，为灾害预警提供更加可靠的数据支持；开展电力系统自然灾害风险评估，识别潜在的风险区域和薄弱环节；根据预警结果与风险评估结果，提出化解措施、响应方案，制定预警信息发布规则，形成灾害监测与预警的应对技术体系、政策法规、管理体系和社会响应对策体系。

提高针对网络攻击、物理破坏的防护能力。利用大数据分析、人工智能等新技术，研究安全威胁关联分析、追踪溯源等关键技术，提升综合分析水平与预警能力；丰富多级阻断、一键停控等技术手段，及时发现网络异常攻击事件，实现网络入侵的有效阻断、妥善处置和跟踪闭环，有效抑制网络攻击风险；加强与国家级网络安全专业队伍合作，常态化、制度化开展攻防演练，着力提升应对外部集团式、大规模的电力网络攻击防范水平；加强对重要部位、重要设施的防护措施，提高电力设施反恐防范综合能力。

降低常规误操作的风险。完善操作规程，规范操作流程和要求，确保操作人员有章可循；加强设备管理和维护，确保设备处于良好状态，降低设备自身故障风险；采用智能技术，如智能巡检、智能监控等，提高设备的自动化和智能化水平，减少人为干预和误操作；定期对电力设备的安全状况进行检查和评估，及时发现和解决存在的安全隐患。

（2）加强电力系统规划统筹与运行控制，以阻断或者削弱源端事件对电力系统造成的破坏，降低停电范围并缩短停电时间。

加强规划和运行的有效衔接。坚强的网架结构是电力安全的物质基础，要全力推动全国电力统一规划，提升规划的系统性和整体性，统筹规划核电、煤电、水电、电化学储能、抽水蓄能等资源，最大限度协调好新能源开发与煤炭保容减量关系。打通规划与运行的壁垒，实现计算标准、计算数据、计算平台的统一，提升电网规划的分析能力和计算深度，在规划阶段最大限度发现电网潜在的安全稳定问题。合理提升易受覆冰舞动、强风暴雨等重点地区的发输电设备设计标准，对现有设备提出补强措施，持续提升电力系统气候弹性和灾害韧性。

优化完善电网运行控制体系。坚持我国电网"统一调度、分级管理"的管理体制，加强规划、建设、设备、营销、调度、交易各环节高度协同。严格执行《电力系统安全稳定导则》（GB 38755—2019），完善以三道防线为核心的防御体系，确保结构清晰、功能独立、边界明确。及时评价继电保护系统、安全稳定控制系统、低频低压减载等相关设备和系统的有效性、适用性，严查严防、消除隐患，避免发生设备误动或拒动。

完善新能源网源协调管理。新能源规划数量、建设地点不仅要保证系统电力电量平衡，还要加强考虑电网的安全稳定特性。在新能源机组涉网协调方面，完善新能源网源协调标准，尤其是涉及新能源机组控制、保护系统与电网的协调，新能源机组入网检测、并网验证、商运实时监测等网源协调技术标准，促进新能源涉网性能的规范化。在分布式电源涉网协调方面，加强分布式电源接入能力评估，从电能质量、电网适应性、故障穿越等多方面规范分布式电源涉网技术参数和性能，促进分布式电源和配电网的协调发展。

（3）在大停电事故影响蔓延阶段，做好系统恢复及应急处置，降低停电对经济社会造成的影响及损失。

加强电力系统极限生存和快速恢复能力的技术研究。针对重点地区开展坚强局部电网规划，优化重要用户的应急保障电源配置，提升在极端状态下重点地区、重点部位、重要用户的电力供应保障能力。在各网省地区及局部重点地区开展同步机组最小开机规模校核，严格执行最小开机要求；加快制修订系统恢复相关标准，进一步优化黑启动电源布局，做好小地区甚至省级电网的孤网运行和黑启动预案及演练。研究极端场景下新能源、柔直、储能、微网等应用于电力系统快速恢复的新技术。

加强应急救援处置能力建设。建立健全国家统筹、区域协调、跨省联动的大面积停电事件应急指挥协调联动机制，加强无脚本应急演练。推动人工智能等智能辅助决策功能应用，强化电力非常规事件发生过程中信息收集、态势研判和辅助决策等功能，有效缓解突发事件下调度、应急抢修人员承载力不足等问题。建设多支具有不同专业特长、能够承担重大电力突发事件抢险救援任务的电力应急专业队伍。推动建立社会救援力量调用补偿机制，形成有能力、有组织、易动员的电力应急抢险救援后备队伍。

筑牢以电力为核心的"城市生命线"工程。统筹考虑电力、供水、燃气、交通等"城市生命线"之间的风险传导，构建"城市生命线"韧性评估体系，辨识城市电网与其他城市生命线系统耦合失效风险。研究以电网为核心的"城市生命线"韧性提升技术，避免受到外部冲击后，"城市生命线"系统间风险传导、累积、放大，降低停电事故对经济社会的全局影响。

附录 A　近年来大停电及电力突发事件回顾

本书对 2019~2022 年间国内外发生的 23 起典型的大停电及电力突发事件进行回顾，事件概况如下：

A1　2019 年阿根廷与乌拉圭"6·16"大停电事故

当地时间 2019 年 6 月 16 日，阿根廷东北部一个水电站的传输系统出现故障，导致阿根廷全国 23 个省份中的 22 个同时发生停电。这次停电对阿根廷和乌拉圭两国造成了严重的影响，城市地铁和铁路全部停运，市内交通因电子指挥系统停止工作而陷入混乱，部分机场被迫关闭，几乎所有商户暂时停业，银行系统瘫痪，通信和网络服务也一度中断。

A2　2019 年英国"8·9"大停电事故

当地时间 2019 年 8 月 9 日 17:00 左右，英国电网海上风电和分布式光伏出现大量无序脱网，导致系统频率下降至 48.9Hz，引发系统低频减载装置动作，损失负荷约 3.2%，约有 100 万人受到停电影响。停电发生后，英国包括伦敦在内的部分重要城市出现地铁与城际火车停运、道路交通信号中断等，市民被困在铁路或者地铁中，居民正常生活受到影响，部分医院由于备用电源不足无法进行医事服务。停电发生约 1.5h 后，英国国家电网宣布电力基本得到恢复。

A3　2020 年"7·16"美国宾夕法尼亚州变电站无人机破坏事件

2020 年 7 月 16 日，一架无人机在美国宾夕法尼亚州的一个变电站附近坠毁。该无人机为一种小型四轴飞行器，无人机被进行了改装，相机和存储卡被取出，并采取其他措施来掩盖其来源或所有权，下方通过尼龙线连接了一根粗铜线，可能试图通过制造短路事故对变压器或配电线路造成损坏。美国联邦调查局、国土安全部和国家反恐中心的联合情报公报表示，"虽然这一事件没有导致任何电力供应中断，但分析表明该装置可能是为了破坏附近的变电站。这是已知的第一个可能在美国用于专门针对能源基础设施的改进型无人机系统案例"。近年来，随着无人机的普及，针对关键基础设施的破坏活动可能会增加。

A4　2020 年美国"8·14"大停电事故

当地时间 2020 年 8 月 14 日，因罕见高温引发负荷增长，同时新能源调节能力不足，造成系统供需失衡。加利福尼亚州（简称加州）电力系统独立运营商（California Independent System Operator，CAISO）发布三级紧急状态，是近 20 年发布的最高等级紧急状态，49.2 万企业与家庭的电力供应中断，最长停电时间达 150min；8 月 15 日，CAISO 再次对用户实施轮流停电，停电时间最长达 90min，影响 32.1 万用户。

A5　2020 年斯里兰卡"8·17"大停电事故

当地时间 2020 年 8 月 17 日，位于首都科伦坡市郊的凯拉瓦勒皮蒂耶变电站的输电系统出现技术故障，引发斯里兰卡全国性停电，影响 2100 万人口用电。本次停电持续 7h，交通、供水、医院和其他重要基础设施均受到影响。停电造成科伦坡的交通信号灯停止工作，让本已拥堵的道路更加混乱，警察在路口艰难工作。此外，由于没有电力供应水泵，供水系统也受到影响。医院和其他重要基础设施也受到影响，部分采用备用发电机进行供电。

A6　2020 年叙利亚"8·24"大停电事故

当地时间 2020 年 8 月 24 日凌晨，位于叙利亚境内的阿拉伯天然气管道在遭到恐怖袭击后发生爆炸，导致叙全国大规模停电。叙利亚石油与矿产资源部在第一时间派出团队立即赶往现场灭火，并对受损管道进行维修。24 日早晨，叙利亚全国大部分省份供电已经陆续恢复正常。叙利亚媒体援引军方消息称，以色列发动的空袭通常对准叙境内军事目标，几乎没有轰炸过基础设施，但是叛军武装和极端组织却有类似前科。这是该地区阿拉伯天然气管道第六次遭遇类似袭击，爆炸导致全国范围停电。

A7　2020 年孟买"10·12"大停电事故

当地时间 2020 年 10 月 12 日，素有印度金融中心之称的孟买市遭遇前所未有的大范围停电，影响到该市数百万人的通勤与正常生活。这场大范围停电发生在当地时间 10:00 左右，孟买大都会（Mumbai Metropolitan Region，MMR）包括孟买、新孟买、塔那等区域大部分电力供应中断，导致当地铁路服务被迫中断，地面交通严重拥堵，疫情居家办公和商业经营受到严重影响，银行、学校和医院也受到波及。MMR 整个区域的负荷损失达到 2600MW，其中孟买市为 2205MW，占事故发生前孟买市全部负荷的 85%。核心区主要服务在当天下午陆续恢复，但有些区域停电时间长达 15h。

A8　2021 年欧洲 "1·8" 大停电事故

当地时间 2021 年 1 月 8 日 14:05，欧洲大陆同步电网解列为西北部与东南部两部分，导致法国切除可中断负荷 1300MW，意大利切除可中断负荷 400MW，西北部地区约 70MW、东南部地区约 233MW 负荷因频率、电压剧烈波动而脱网。输电系统运营商（Transmission System Operators，TSOs）配合协调、采取了相应控制措施，确保了大多数欧洲国家的电网稳定运行未受到严重影响。

A9　2021 年美国 "2·15" 大停电事故

当地时间 2021 年 2 月 13~17 日，冬季风暴 "乌里" 袭击了北美大部地区，致使美国大部、墨西哥北部遭遇强寒流、极端暴风雪过程，得州地区气温下降至 –22～–2℃。极寒天气导致电力需求远超供应量，2 月 15 日，得州电力可靠性委员会（Electric Reliability Council of Texas，ERCOT）宣布进入能源紧急状态，并于 1:23 左右开始在全州运营区域内实施轮流停电。停电期间，最大切负荷 20 000MW，影响用户数超过 480 万，当地供热、供水均受影响，还出现水管爆裂、汽油短缺等情况。2 月 19 日 10:35 左右，系统恢复正常运行。此外电力供需不平衡还导致电价飞涨，电力批发价格由平时的不足 0.1 美元 / kWh 上涨至 9 美元 / kWh。

A10　2021 年中国台湾省 "5·13" 大停电事故

2021 年 5 月 13 日 14:37，中国台湾省因高雄市路竹区路北超高压变电站母线发生事故，导致电压骤降，进而造成兴达电厂 4 台火电机组跳闸，损失发电出力约 2200MW，频率骤降触发低频减载，造成部分用户停电。经台湾电力公司评估，由于短时无法恢复供电，为维持电力系统安全，15:00~20:00，针对 C、D 两组用户共执行 6 轮紧急分区轮流停电，每轮限电时间 50min，约 400 万户、1139 万户次受到影响。20:00 恢复正常供电。

A11　2021 年印度旁遮普邦缺电事件

2021 年夏季，受连续多日 40℃以上高温天气影响，印度多地用电需求量节节攀升。6 月 27 日至 7 月 2 日，旁遮普邦首府昌迪加尔的最高温度达 38~41℃，叠加水稻移栽的农业用电高峰，发生严重电力短缺。为了确保农业部门获得足够的电力供应，确保水稻移栽的宝贵窗口期的用电需求，7 月 1 日 14:00 开始位于卢迪亚纳、卡纳等 8 个地区的工业单位停工停产两天，这些地区的工业占旁遮普邦工业单位总数的 90%。据印度媒体报道，整个旁遮普邦对电力的需求已经达到 14 225MW，但电力公司当时只能供应 12 800MW 的电力，1425MW 的电力缺口引发旁遮普邦内部分地区最长达 14h 的停电。由于长期电力短缺（每天停电超过 10h），当地时间 7 月 3 日，民众冲上街头抗议，当地警方用高压水枪进行驱逐。

A12　2021 年美国"8·29"大停电事故

当地时间 2021 年 8 月 29 日，飓风"艾达"登陆美国路易斯安那州新奥尔良市西南海岸，在短短一小时之内连跳两级，升级为 4 级飓风，最大持续风速达 240km/h，对多个州的电网、公路、房屋等基础设施造成破坏，美国能源供应受到重大影响。美国电力监测网站"PowerOutage"数据显示，在 29 日"艾达"登陆当天 14:00，大约有 18.6 万用户停电，并持续加剧，30 日上午，路易斯安那州停电用户达到 107 万户。9 月 2 日 7:00，新泽西州和纽约州停电用户增多，受灾各州停电用户总数达到 120 万。截至当地时间 9 日 8:00，路易斯安那州仍有将近 30 万家庭和企业处于断电状态，一些受灾最重地区到 9 月底才恢复供电。

A13　2021 年黎巴嫩"10·9"大停电事故

当地时间 2021 年 10 月 9 日中午开始，由于黎巴嫩 2 个最大的发电站因燃料短缺而关闭，黎巴嫩陷入全国停电，且短期内没有恢复供电的计划。政府官员接受媒体采访时确认，目前来看至少到 10 月 11 日，甚至更长的时间内都没有恢复运营的可能性。据黎巴嫩国家电力公司（EDL）确认，该国的 Zahrani 热力发电厂已经于 10 月 9 日停机，另一座主要的发电厂 Deir Ammar 在 10 月 8 日已经停止供电。黎巴嫩国家电力公司表示，两座电站的停运直接影响了电网的稳定性，导致完全停电且无法恢复运行。

A14　2021 年美国"12·10"大停电事故

当地时间 2021 年 12 月 10 日夜间至 11 日上午，美国阿肯色州、伊利诺伊州、肯塔基州、密苏里州、密西西比州、田纳西州、宾夕法尼亚州、密歇根州和纽约州等 9 个州发生至少 30 次龙卷风。此次强对流持续近 12h，自密西西比州北部出现后持续向东北方向移动，最终分为两股分别进入密歇根州和纽约州后消失。主要路径总长度达 386km，将沿途至少 23 个城镇夷为平地。据美国停电监测网站 PowerOutage 不完全统计数据显示，截至当地时间 12 日凌晨，龙卷风已造成共计至少 52 万用户停电；截至当地时间 12 日中午，近一半受灾停电用户已恢复供电，停电用户规模降至 26.5 万户；截至当地时间 13 日凌晨，停电用户规模降低至 13.9 万户，主要集中在个别重灾区域。

A15　2022 年中亚三国"1·25"大停电事故

当地时间 2022 年 1 月 25 日中午，乌兹别克斯坦境内的 Syrdarinskaya 火电厂由于短路故障导致 6 台机组跳闸，发电出力损失 1500MW，电力缺口引发哈萨克斯坦境内北—东—南 500kV 输电线路过载。为防止电力设备损坏及南部地区全停，哈萨克斯坦电网紧急控制系统及时切除过载线路。哈萨克斯坦南部地区与乌兹别克斯坦、吉尔吉斯斯坦的 500kV 联络线断开，导致乌兹别克斯坦和吉尔吉斯斯坦电网因大量功率缺额造成全停，其中乌兹别克斯坦损失负荷约 9600MW（100%），吉尔吉斯斯坦损失负荷约 2600MW（100%）。哈萨克斯坦南部地区、乌兹别克斯坦和吉尔吉斯斯坦发生大面积停电，造成城市道路大规模拥堵，地铁、航班停运，停电可能造成数千亿美元损失。事故发生后，哈萨克斯坦向吉尔吉斯斯坦和乌兹别克斯坦提供电力支援。吉尔吉斯斯坦电网约 1 天后恢复正常运行，乌兹别克斯坦电网于 27 日 16:00 恢复正常运行。

A16　2022 年"2·24"欧洲卫星通信系统遭网络攻击事件

2 月 24 日 5:00~6:00，由于卫星通信服务中断致使欧洲近 6000 台风电机组失去远程控制服务，其中德国风力发电机制造商爱纳康（Enercon）所生产或运维风电机组受影响最为严重。Enercon 表示，已确认该事件因卫星通信运营商遭受网络攻击而中断通信服务所致，直接影响了约 30 000 台卫星通信终端，致使该公司生产或负责运维的约 5800 台（装机容量总计 11 000MW）利用卫星通信的风力发电机组失去远程监控，失去远程控制的风电机组能继续以"自动模式"运行，尚未对电网稳定运行造成不良影响。Enercon 已将本次事件报告德国网络安全监管机构德国联邦信息安全局（BSI），BSI 已向德国联邦政府、关键基础设施运营商及相关公司发布预警，下令各方提高警惕并做好应对预案。3 月 17 日，据德国媒体 Energate Messenger 报道，受影响风电机组已恢复 15%，约 900 台风电机组可以重新连接到卫星通信系统，其他风电机组已经代以应用蜂窝移动通信方式（LTE）恢复了通信连接，仍需要数周时间恢复所有风电机组的卫星通信连接。

A17　2022 年中国台湾省"3·3"大停电事故

2022 年 3 月 3 日上午 9:07，中国台湾省内位于高雄的兴达电厂开关站发生事故，影响到龙崎变电站的运行，导致南部多个大型电厂跳闸，累计减少供电能力 10 500MW（约为当日峰值负荷的 1/3），总计停电户数约 549 万户，台湾地区除金门、马祖外各市县均有负荷损失，其中高雄约 186 万户、屏东约 63 万户、台北约 50 万户、台中约 41 万户停电。至 21:31，全部负荷恢复供电。大停电事故给交通运输和民众生活等造成一定程度混乱。台湾中北部县市均出现局部停电、交通信号灯故障等问题。高雄市和屏东县几乎全区停电，台湾高铁 3 部营运列车受到影响，新营站与金仑站间列车无法行驶。全台相关灾情报案数超过 2000 件，其中电梯受困事故 166 件，还发生了火灾和发电机冒烟等事件。多地网络连接受影响，多家银行 ATM 机无法服务。停电影响供水设备运转，导致上午高雄高达 108 万户停水，下午随着复电陆续供水，仍有 40 万户无水可用。高技术产业园区作为台湾的经济命脉，中部科学园出现降压供电，而南科高雄园区约有 20 多家厂商自 9 时开始停电，受影响厂商包括光电业、精密机械业等。作为台湾龙头企业的台积电表示，部分工厂受低电压影响，历时 400~1000ms。

A18　2022 年日本"3·16"大停电事故

当地时间 2022 年 3 月 16 日 23:36，日本福岛县近海发生 7.4 级地震。随后，17 日 0:28，福岛县近海发生 3.9 级地震，17 日 0:52，福岛县近海再次发生 5.6 级地震。据日本广播协会（Nippon Hōsō Kyōkai，NHK）报道，受东北地区地震影响，关东地区约有 210 万户停电、东北地区超 15 万户停电。截至 17 日 2:50 左右，关东地区已经基本恢复供电；截至 17 日凌晨 5:00，以宫城县和福岛县为中心，东北地区仍有 47 800 户停电，17 日 9:30，宫城、福岛两县尚有 25 100 用户停电。

A19　2022 年巴基斯坦夏季多发停电事故

2022 年 4 月以来，由于巴基斯坦能源危机，多地区开始长时间削减电力负荷，并采取一系列限电举措，如 6 月以来该国旁遮普省、信德省等地相继出台有关节能措施，将每周工作时间从 6 天减少到 5 天，并要求夜间市场、购物中心和餐厅等场所每晚 21:00 前关闭，以应对电力短缺。据央视财经相关报道，由于持续多日遭到高温侵袭，巴基斯坦多地用电量猛增。据环球时报相关报道数据显示，目前巴基斯坦全国电力需求为 26 000MW，但可供电量只有 19 500MW，受电力供需失衡影响，多座城市延长停电时间。其中，该国第一大城市卡拉奇近期每日停电时间在 8~10h，部分农村地区每日停电时间长达 16h。据当地媒体报道，长时间停电已对生活在极端潮湿和酷热天气的居民工作生活造成严重影响，且造成城市供水中断，引发当地居民强烈不满。

A20　2022 年美国波多黎各"9·18"大停电事故

当地时间 2022 年 9 月 18 日，受飓风"菲奥娜"(Fiona)影响，美国海外属地波多黎各全岛停电，影响用户数超过 146.8 万。波多黎各总督佩德罗·彼尔路易西表示当地官员们正在启用紧急规程，帮助恢复电力供应。美国总统拜登 18 日上午宣布波多黎各因"菲奥娜"引发的灾情出现紧急状况，并批准联邦政府相关机构向该岛赈灾工作提供援助。

A21　2022 年孟加拉国"10·4"大停电事故

当地时间 2022 年 10 月 4 日 14:00，因孟加拉国东部地区电力供需失衡，电力系统频率下降失稳，导致东部电厂跳闸，引发大面积停电，本次停电范围保守估计超过全国 60% 以上区域，最严重时除了该国西北部一些地区外，其余地方均失去电力供应，近 1.3 亿人在此次停电事件中受到不同程度影响，还导致部分地区出现民众抢购柴油现象。本次停电过程持续近

7h，当日下午 17:00 左右，首都达卡市内包括总统和总理官邸等重要负荷恢复供电；晚间 19:00 左右，首都周边地区恢复供电；其他地区负荷直至夜间 24:00 左右全部恢复。

A22　2022 年"10·10"乌克兰电网遭"沙虫"黑客组织网络攻击事件

2022 年 10 月 10 日，乌克兰西部重要城市利沃夫约 90% 地区停电数小时，公共交通停摆，严重影响了地区社会秩序。根据美国网络安全公司曼迪安特（Mandiant）发布的一份调查报告，黑客组织利用 MicroSCADA［MicroSCADA 是一款模块化、可编程和可扩展的监控和数据采集（SCADA）系统，主要用于网络控制应用和变电站自动化，支持多种标准通信协议，能够与继电器、PLC 和 RTU 等设备通信］软件漏洞，在未授权的情况下控制变电站中远程终端单元（RTU），发送开关跳闸恶意指令，导致了此次停电事故。

A23　2022 年"12·3"美国北卡罗莱纳州变电站遭蓄意破坏事件

2022 年 12 月 3 日晚 19:00，美国北卡罗来纳州摩尔县（Moore County）杜克能源公司（Duke Energy）两个变电站被枪击损坏，导致该县大部分地区停电，超 4 万名用户受到影响。事件发生后，当地政府官员颁布了紧急状态和宵禁指令。根据杜克能源公司的数据，停电高峰时段受影响用户达 4.5 万户，该公司新闻发言人表示"由于变电站设备受损严重，修复工作非常复杂，完全恢复供电可能需要 4 天时间"。12 月 7 日下午，该县供电已完全恢复。

2019~2022年典型大停电及电力突发事件统计表见表A1。

表A1 2019~2022年典型大停电及电力突发事件统计表

序号	国家或地区	发生时间	影响范围	停电规模	停电时长	起因	事故扩大原因
1	阿根廷与乌拉圭	2019年6月16日	22个省	13 200MW	2~14h	设备故障	电网结构不合理，二次设备隐性故障，网源协调不当
2	英国	2019年8月9日	英格兰与威尔士地区	1000MW	1.5h	自然灾害	网源协调不当
3	宾夕法尼亚州	2020年7月16日	—	—	—	蓄意攻击	—
4	美国	2020年8月14日	加利福尼亚州	1500MW	3h	极端气温	系统供电充裕性不足
5	斯里兰卡	2020年8月17日	斯里兰卡全国	—	7h	设备故障	系统供电充裕性不足
6	叙利亚	2020年8月20日	叙利亚全国	—	—	蓄意攻击	—
7	印度孟买	2020年10月12日	孟买、新孟买、塔那等区域	2600MW	15h	设备故障	运行方式调整不当，网源协调不足，孤岛运行方案不合理
8	欧洲	2021年1月8日	法国、意大利	2003MW	0.75h	极端气温	运行方式安排不合理、调度运行统筹协调不力，安全与经济关系处理不当
9	美国	2021年2月15日	得克萨斯州	20 000MW	71h	极端气温	系统供电充裕性不足，安全与经济关系处理不当
10	中国台湾省	2021年5月13日	南部地区	2200MW	6h	设备故障	系统供电充裕性不足
11	印度旁遮普邦	2021年夏季	旁遮普邦	1425MW	14h	极端气温	电力供需失衡，电源发展规划不力
12	美国	2021年8月29日	路易斯安那州新泽西州和纽约州	—	12天	自然灾害	—

（续表）

序号	国家或地区	发生时间	影响范围	停电规模	停电时长	起因	事故扩大原因
13	黎巴嫩	2021 年 10 月 9 日	黎巴嫩全国	—	—	一次能源不足	系统供电充裕性不足
14	美国	2021 年 12 月 10 日	美国阿肯色州、伊利诺伊州、肯塔基州、密苏里州、密西西比州、田纳西州、宾夕法尼亚州和纽约州约 9 个州	52 万户	3 天	自然灾害	电网结构不合理
15	中亚三国	2022 年 1 月 25 日	哈萨克斯坦南部地区、乌兹别克斯坦和吉尔吉斯斯坦	12 200MW	—	设备故障	网架薄弱、系统供电充裕性不足
16	欧洲	2022 年 2 月 24 日	影响约 30 000 台卫星通信终端，致使该公司生产或负责运维的约 5800 台（装机容量总计 11 000MW）利用卫星通信的风力发电机组失去远程监控	—	—	网络攻击	—
17	中国台湾省	2022 年 3 月 3 日	南部地区	549 万户	12h	误操作	电网电源结构不合理
18	日本	2022 年 3 月 16 日	东北和关东地区	225 万户	9h	自然灾害	—
19	巴基斯坦	2022 年夏季	全国	6500MW	每天停电 8~10h	极端气温	供电充裕性不足、供需失衡
20	美国	2022 年 9 月 18 日	波多黎各全岛	146.8 万户	—	自然灾害	电源类型单一、系统供电充裕性不足
21	孟加拉国	2022 年 10 月 4 日	除东北部外，全国停电	1.3 亿人口	—	设备故障	系统供电充裕性不足
22	乌克兰	2022 年 10 月 10 日	利沃夫 90% 地区停电	64 万人口	数小时	网络攻击	—
23	美国北卡罗莱纳州	2022 年 12 月 3 日	导致该县大部分地区停电	4.5 万人口	4 天	蓄意攻击	—

参考文献

[1] 张智刚，康重庆 . 碳中和目标下构建新型电力系统的挑战与展望 [J]. 中国电机工程学报，2022，42(08)：2806-2819．

[2] 辛保安，李明节，贺静波，等 . 新型电力系统安全防御体系探究 [J]. 中国电机工程学报，2023，43(15)：5723-5732．

[3] 陈国平，董昱，梁志峰 . 能源转型中的中国特色新能源高质量发展分析与思考 [J]. 中国电机工程学报，2020，40(17)：5493-5506．

[4] 孙华东 . 国外大停电事故分析 [M]. 北京：中国电力出版社，2022．

[5] 范维澄，霍红，杨列勋，等 . "非常规突发事件应急管理研究" 重大研究计划结题综述 [J]. 中国科学基金，2018，32(03)：297-305．

[6] Operador Nacional do Sistema Elétrico. Informe preliminar de interrupção de energia no Sistema Interligado Nacional[R]. Brazil, Rio de Janeiro: ONS, 2023.

[7] Operador Nacional do Sistema Elétrico. ANÁLISE DA PERTURBAÇÃO DO DIA 15/08/2023 ÀS 08H30MIN[R]. Brazil, Rio de Janeiro: ONS, 2023.

[8] 易俊，卜广全，郭强，等 . 巴西 "3·21" 大停电事故分析及对中国电网的启示 [J]. 电力系统自动化，2019，43(2)：1-6．

[9] 国家电网有限公司 . 2023 年 8 月 15 日美丽山一期、二期直流闭锁分析报告 [R]. 北京：国家电网有限公司，2023．

[10] 刘云 . 巴西 "9.13" 远西北电网解列及停电事故分析及启示 [J]. 中国电机工程学报，2018，38(11)：3204-3213．

[11] 林伟芳，汤涌，孙华东，等 . 巴西 "2·4" 大停电事故及对电网安全稳定运行的启示 [J]. 电力系统自动化，2011，35(9)：1-5．

[12] 胡源，薛松，张寒，等 . 近 30 年全球大停电事故发生的深层次原因分析及启示 [J]. 中国电力，2021，54(10)：204-210．

[13] 童晓阳，王晓茹 . 乌克兰停电事件引起的网络攻击与电网信息安全防范思考 [J]. 电力系统自动化，2016，40(7)：144-148．

[14] 邵瑶，汤涌，易俊，等 . 土耳其 "3·31" 大停电事故分析及启示 [J]. 电力系统自动化，2016，40(23)：9-14．

[15] 林伟芳，易俊，郭强，等．阿根廷"6·16"大停电事故分析及对中国电网的启示 [J]．中国电机工程学报，2020，40(9)：2835-2841．

[16] 李琳，冀鲁豫，张一驰，等．巴基斯坦"1·9"大停电事故初步分析及启示 [J]．电网技术，2022，46(2)：655-661．

[17] 屠竞哲，何剑，安学民，等．巴基斯坦"2023.1.23"大停电事故分析及启示 [J]．中国电机工程学报，2023，43(14)：5319-5329．

[18] 孙为民，张一驰，张晓涵，等．欧洲大陆同步电网"1·8"解列事故分析及启示 [J]．电网技术，2021，45(7)：2630-2636．

[19] 安学民，孙华东，张晓涵，等．美国得州"2·15"停电事件分析及启示 [J]．中国电机工程学报，2021，41(10)：3407-3415．

[20] 王国春，董昱，许涛，等．巴西"8·15"大停电事故分析及启示 [J]．中国电机工程学报，2023，43(24)：9461-9470．

[21] 孙华东，许涛，郭强，等．英国"8·9"大停电事故分析及对中国电网的启示 [J]．中国电机工程学报，2019，39(21)：6183-6191．

[22] 何剑，屠竞哲，孙为民，等．美国加州"8·14"、"8·15"停电事件初步分析及启示 [J]．电网技术，2020，44(12)：4471-4478．

[23] 汤涌，卜广全，易俊．印度"7·30"、"7·31"大停电事故分析及启示 [J]．中国电机工程学报，2012，32(25)：167-174．

[24] 常忠蛟，刘云．巴西电网"3·21"大停电中控制保护系统动作分析及启示 [J]．电网技术，2020，44(11)：4415-4426．

[25] 林伟芳，孙华东，汤涌，等．巴西"11·10"大停电事故分析及启示 [J]．电力系统自动化，2010，34(7)：1-5．

[26] 薛禹胜，肖世杰．综合防御高风险的小概率事件：对日本相继天灾引发大停电及核泄漏事件的思考 [J]．电力系统自动化，2011，35(8)：1-11．